T0192763

BestMasters

Mit „BestMasters" zeichnet Springer die besten Masterarbeiten aus, die an renommierten Hochschulen in Deutschland, Österreich und der Schweiz entstanden sind. Die mit Höchstnote ausgezeichneten Arbeiten wurden durch Gutachter zur Veröffentlichung empfohlen und behandeln aktuelle Themen aus unterschiedlichen Fachgebieten der Naturwissenschaften, Psychologie, Technik und Wirtschaftswissenschaften.

Die Reihe wendet sich an Praktiker und Wissenschaftler gleichermaßen und soll insbesondere auch Nachwuchswissenschaftlern Orientierung geben.

Christian Matheis

Eine neue Strategie zur C–O-Bindungsbildung

Die kupferkatalysierte dehydrierende Kupplung von Arenen mit Alkoholen

Mit einem Geleitwort von Prof. Dr. Lukas J. Gooßen

 Springer Spektrum

Christian Matheis
Kaiserslautern, Deutschland

BestMasters
ISBN 978-3-658-09480-5   ISBN 978-3-658-09481-2 (eBook)
DOI 10.1007/978-3-658-09481-2

Die Deutsche Nationalbibliothek verzeichnet diese Publikation in der Deutschen Nationalbi-
bliografie; detaillierte bibliografische Daten sind im Internet über http://dnb.d-nb.de abrufbar.

Springer Spektrum

Gedruckt auf säurefreiem und chlorfrei gebleichtem Papier

Springer Fachmedien Wiesbaden ist Teil der Fachverlagsgruppe Springer Science+Business Media
(www.springer.com)

Geleitwort

Es ist mir eine große Freude, die im Rahmen des Programms Springer BestMasters ausgezeichnete Diplomarbeit von Herrn Christian Matheis mit einigen Worten einzuleiten.

Herr Matheis hatte die Aufgabe, ein katalytisches Verfahren zu entwickeln, mit dem Donor-funktionalisierte Arene durch *ortho*-C–H Alkoxylierung in die korrespondierenden Arylether überführt werden können. Er arbeitete sich schnell in die Thematik ein, und es gelang ihm in kürzester Zeit, eine dehydrierende Kreuzkupplung von Alkoholen mit Arenen zu realisieren – eine wegweisende Reaktion, die klassischen Arylethersynthesen, z.B. der Williamson Ethersynthese, konzeptionell deutlich überlegen ist.

Herr Matheis führte für die Modellreaktion von 2-Phenylpyridin mit 1-Butanol umfangreiche Reihenexperimente durch und optimierte dabei systematisch unterschiedlichste Reaktionsparameter, bis er schließlich eine Ausbeute von über 80% erreichte. Mit gezielten Kontrollexperimenten untersuchte er die Sensitivität der Reaktion gegenüber Veränderungen bei der Reaktionsführung und erhielt auf diese Weise wichtige Hinweise auf den Reaktionsmechanismus der dehydrierenden Alkoxylierung.

Um die Anwendungsbreite der neuen Reaktion untersuchen zu können, mussten eine Vielzahl Donor-substituierter Arene synthetisiert und mit verschiedensten Alkoholen zur Reaktion gebracht werden. Die Isolierung der Arylether war schon allein aufgrund der Tatsache, dass sie alle einen Stickstoffdonor tragen, der die chromatographische Auftrennung erschwert, keineswegs trivial. Mit Geschick und großem Fleiß konnte Herr Matheis ein effizientes Verfahren zur Isolierung der Produkte entwickeln.

Um den Mechanismus der Reaktion aufzuklären, führte er umfangreiche mechanistische Untersuchungen durch, womit nachgewiesen werden konnte, dass es sich bei der Reaktion tatsächlich um eine dehydrierende Alkoxylierung handelt.

Seine Ergebnisse wurden von unserer Arbeitsgruppe mehrfach auf internationalen Konferenzen in Darmstadt, Rennes, Colorado und Weimar vorgestellt.

Herr Matheis war auch an der Erstellung eines Manuskriptes mit diesen Forschungsergebnissen maßgeblich beteiligt. Dieses wurde bei „Angewandte Chemie" als „hot paper" zur Publikation angenommen. Dies unterstreicht, dass es sich um Arbeiten von hohem internationalem Rang handelte, die einen Diplomanden bis an die Grenze seiner Leistungsfähigkeit fordern.

Wie schon bei den experimentellen Arbeiten erhielt Herr Matheis auch beim Verfassen der Diplomschrift von meiner Seite nur ein Minimum an Betreuung. Solch selbständiges Arbeiten stellt für mich eine besondere Leistung dar.
Innerhalb seiner Diplomarbeit hat Herr Matheis somit die entscheidenden Grundlagen für eine möglicherweise wegweisende neue Reaktion gelegt. Die nächsten Schritte hin zu nachhaltigen Ethersynthesen direkt aus Arenen und Alkoholen bestehen darin, das Reaktionskonzept auf rückstandslos entfernbare dirigierende Gruppen zu erweitern wie z. B. Carboxylatgruppen. Mit großem Interesse sehe ich den weiteren Entwicklungen auf diesem Gebiet entgegen.

Prof. Dr. Lukas J. Gooßen

Vorwort

Die vorliegende Arbeit wurde in der Zeit von Januar 2013 bis September 2013 in der Arbeitsgruppe von Prof. Dr. L. J. Gooßen im Fachbereich Chemie der Technischen Universität Kaiserslautern angefertigt.

Mein großer Dank gebührt Herrn Prof. Dr. L. J. Gooßen für die Aufnahme in seinen Arbeitskreis und die Bereitstellung des sehr interessanten Themas sowie für die Diskussionsbereitschaft und Hilfe bei den verschiedensten Fragestellungen.

Herrn Prof. Dr. S. Kubik danke ich für die Bereitschaft das Zweitgutachten dieser Arbeit zu erstellen.

Herrn Prof. Dr. F. W. Patureau danke ich für die hilfreichen Diskussionen zu den mechanistischen Untersuchungen.

Bei meinen Arbeitskollegen Sabrina Baader, Bilguun Bayarmagnai, Agostino Biafora, Dr. Grégory Danoun, Benjamin Erb, Benjamin Exner, Andreas Fromm, Dr. Matthias Grünberg, Dagmar Hackenberger, Dr. Liangbin Huang, Fan Jia, Dr. Kévin Jouvin, Thilo Krause, Dr. Patrizia Mamone, Dr. Christoph Oppel, Kai Pfister, Eugen Risto, Dr. Bingrui Song, Jie Tang, Stefania Trita, Dr. Minyan Wang, Philip Weber und Timo Wendling bedanke ich mich für die tolle Atmosphäre im Labor, die stetige Hilfsbereitschaft und vielen Diskussionen.

Mein Dank gilt ebenfalls Dr. Dmitry Katayev für die Synthese einzelner Startmaterialen, die in dieser Arbeit verwendet wurden.

Bei Dr. Sukalyan Bhadra bedanke ich mich in besonderem Maße für die Darstellung einiger Verbindungen der Anwendungsbreite sowie für die Unterstützung und stete Diskussionsbereitschaft bei der Durchführung dieser Arbeit.

Außerdem gilt mein Dank den Mitarbeitern der Analytikabteilungen für die Durchführung einer Vielzahl von Messungen sowie den Mitarbeitern der Arbeitskreise von Prof. Dr. S. Kubik und Prof. Dr. Ing. J. Hartung für ihre Hilfsbereitschaft bei den unterschiedlichsten Fragestellungen.

Meiner ganzen Familie danke ich für die uneingeschränkte Unterstützung und den Rückhalt auf meinem gesamten Lebensweg.

Bei meiner Freundin Anne-Kathrin bedanke ich mich ebenfalls für ihre Unterstützung und Motivation während meines Studiums.

Christian Matheis

Inhaltsverzeichnis

Abkürzungsverzeichnis

Ac	Acetyl
acac	Acetylacetonato
Äquiv.	Äquivalente
Ar	Aryl
atm	Atmosphäre
ATR	abgeschwächte Totalreflexion
BINAP	2,2'-Bis(diphenylphosphino)-1,1'-binaphthyl
Bz	Benzoyl
Bu	Butyl
DG	dirigierende Gruppe
DMF	Dimethylformamid
DMSO	Dimethylsulfoxid
DMAP	4-(Dimethylamino)-pyridin
E	Elektrophil
FG	funktionelle Gruppe
GC	Gaschromatographie
HRMS	hochauflösende Massenspektrometrie
iPr	iso-Propyl
IR	Infrarotspektroskopie
J	Kopplungskonstante
Kat	Katalysator
Me	Methyl
MS	Massenspektrometrie
n	unverzweigt
NMP	N-Methyl-2-pyrrolidon
NMR	Kernspinresonanzspektroskopie
Nu	Nukleophil
Ph	Phenyl
Py	2-Pyridyl
R	Alkyl-/Arylrest
T	Temperatur
TBHP	$tert$-Butylhydroperoxid
Tf	Trifluormethansulfonyl
tBu	$tert$-Butyl
TEMPO	2,2,6,6-Tetramethylpiperidinyloxyl
TMEDA	N,N,N',N'-Tetramethylethylendiamin

1 Einleitung

1.1 Arylether

1.1.1 Verwendung von Arylethern

Die Substanzklasse der Arylether ist ein überaus wichtiger Baustein in der organischen Synthesechemie. Aryletherverbindungen werden in den unterschiedlichsten Anwendungsbereichen, wie beispielsweise in der Pharmazie, in der Agro- sowie in der Polymerchemie, eingesetzt[1] und sind infolgedessen für die chemische Industrie äußerst interessant. Vor allem die häufige Verwendung der Aryletherfunktionalität als strukturelles Leitmotiv vieler Klassen biologisch aktiver Verbindungen zeigt deren große Relevanz.[1,2] So ist es nicht verwunderlich, dass unter den weltweit 25 umsatzstärksten Medikamenten vier wichtige pharmakologische Vertreter mit Aryletherfunktionen vorhanden sind (Abbildung 1).[3]

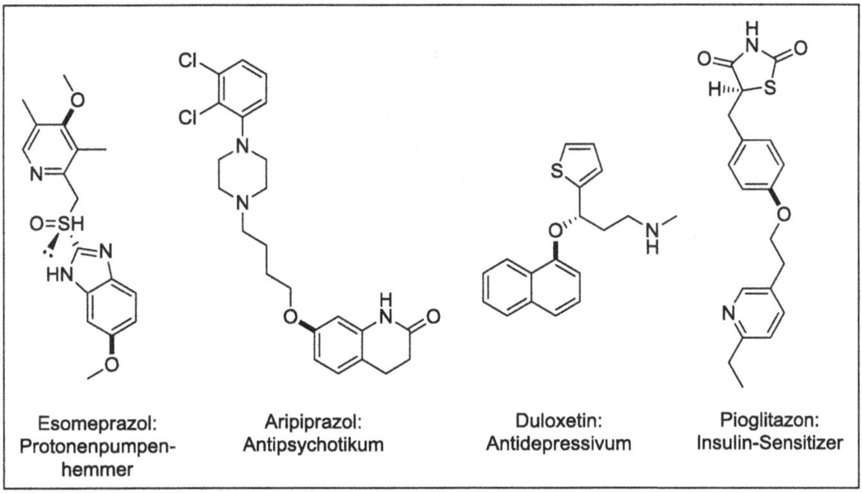

Esomeprazol: Protonenpumpen-hemmer	Aripiprazol: Antipsychotikum	Duloxetin: Antidepressivum	Pioglitazon: Insulin-Sensitizer

Abbildung 1:   Pharmazeutische Verbindungen mit Aryletherfunktionalitäten.[3]

1   S. Enthaler, A. Company, *Chem. Soc. Rev.* **2011**, *40*, 4912–4924.
2   J. J. Li, D. S. Johnson, *Modern Drug Synthesis*, Wiley Verlag, **2010**.
3   F. Weber, G. Sedelmeier, *Nachr. Chem.* **2013**, *61*, 528–529.

Der umsatzstärkste Arzneistoff mit einer Aryletherfunktionalität ist Esomeprazol, der unter dem Handelsnamen Nexium® vertrieben wird, mit einem Umsatz von ungefähr 7.9 Milliarden US-Dollar pro Jahr. Esomeprazol wird zur Behandlung gastrointestinaler und säurebedingter Krankheiten, wie beispielsweise Magen-Darm-Geschwüre oder chronischem Sodbrennen, vor allem im europäischen Raum eingesetzt.[4] Der Absatz von Aripiprazol, das unter dem Namen Abilify® auf dem pharmazeutischen Markt eingeführt wurde, wird mit circa 6.3 Milliarden US-Dollar pro Jahr angegeben. Dieses Medikament wurde 2004 in Deutschland zugelassen und wird seitdem auch hier als nicht sedierendes Antipsychotikum zum Beispiel gegen Schizophrenie eingesetzt.[5] Durch Duloxetin, bekannt unter dem Namen Cymbalta®, wird ein Umsatz von rund 4.7 Milliarden US-Dollar pro Jahr erwirtschaftet. Duloxetin wirkt als selektiver Serotonin- und Noradrenalinwiederaufnahmehemmer und wird gegen eine Vielzahl physischer Störungen sowie sehr erfolgreich gegen belastungsbedingte Inkontinenz eingesetzt.[6] Pioglitazon (Actos®) mit ungefähr 4.1 Milliarden US-Dollar Umsatz pro Jahr wird als Insulin-Sensitizer zur Behandlung von Diabetes mellitus Typ 2 verwendet. Dieses Medikament verbessert die Insulinsensitivität von Leber-, Fett- und Skelettmuskelzellen wodurch erhöhte Blutzuckerwerte gesenkt werden.[7]

Die häufige Verwendung der Aryletherfunktionalität bei der Darstellung neuer Arzneistoffe, auch wenn sie oft nur ein Teil eines hochfunktionalisierten Moleküls ist, bestätigt die wichtige Rolle neuer effizienter Synthesewege zur Knüpfung der Aryletherbindung in der pharmazeutischen Industrie.

Zusätzlich stellt die Aryletherfunktionalität ein häufiges strukturelles Leitmotiv für organische Agrochemikalien dar (Abbildung 2).[8]

Moleküle mit Aryolethergruppen werden als Fungizide, wie zum Beispiel Difenoconazol, zur morphologischen und funktionellen Veränderungen der Pilzzellmembran[9] sowie als Herbizide, wie beispielsweise die weit verbreitete 2-Methyl-4-chlorphenoxyessigsäure (MCPA), die ebenfalls als Baustein für komplexere Wirkstoffsynthesen dient,[10] verwendet. Zudem wirken einige Verbindungen mit Aryletherfunktionalitäten als Insektizide, wie zum Beispiel

4   T. Lind, L. Rydberg, A. Kylebäck, A. Jonsson, T. Andersson, G. Hasselgren, J. Holmberg, K. Röhss, *Alimentary Pharmacology & Therapeutics* **2000**, *14*, 861–867.
5   J. Bäuml, *Psychosen: Aus dem schizophrenen Formenkreis*, Springer Verlag, **2008**, 2. Auflage, 85.
6   R. Tunn, E. Hanzal,D. Perucchini, *Urogynecology in Practice and Clinic*, Walter de Gruyter Verlag, **2010**.
7   J. C. Frölich,W. Kirch, *Praktische Arzneitherapie*, Springer Verlag, **2003**, 3. Auflage.
8   F. Müller, *Agrochemicals*, Wiley-VCH, **1999**.
9   European Food Safety Authority, *EFSA Journal* **2013**, *11(3)*, 3149.
10 A. R. Prasad, T. Ramalingam, A. B. Rao, P. V. Diwan, P. B. Sattur, *European Journal of Medicinal Chemistry* **1989**, *25*, 199–201.

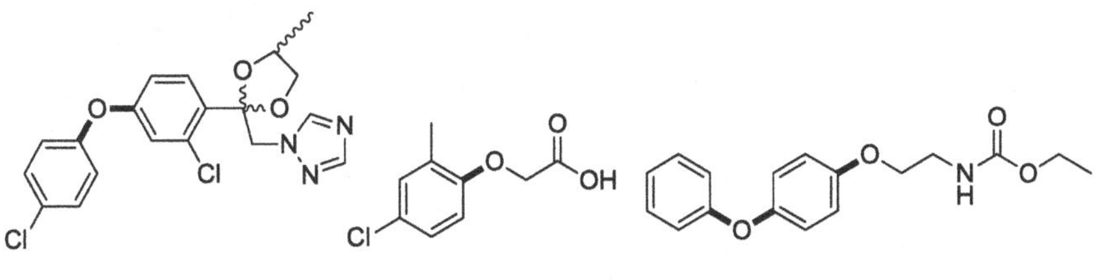

Difenoconazol: | MCPA: | Fenoxycarb:
Fungizid | Herbizid | Insektizid

Abbildung 2:   Agrochemikalien mit Aryletherfunktionalitäten.

Fenoxycarb, das zur Schädlingsbekämpfung ein Hormon der Insekten nach-
ahmt,wodurch deren Larven verenden.[11]
   Infolge der weit verbreitenden Nutzung von Arylethern in den unterschiedlichsten Gebieten, auch über die vorgestellten Beispiele und Anwendungsberei-
che hinaus, unter anderem in der Polymerchemie,[12] ist es außerordentlich erstrebenswert praktikable und effiziente Zugänge zu dieser wichtigen Stoffklasse zu
entwickeln.

1.1.2   Arylether als Intermediate in chemischen Reaktionen

Obwohl Arylether an ihrer funktionellen Gruppe meist eher reaktionsträge sind,
können sie durch gezielte Aktivierung zur Reaktion gebracht werden. Zusätzlich
kann die Alkoxygruppe als dirigierende, beziehungsweise aktivierende Gruppe
dienen und damit Arylether als wichtige Intermediate in der organischen Synthesechemie nutzbar machen (Schema 1).
   Arylether können zum Beispiel durch eine elektrophile aromatische Substitution (S_EAr) weiter funktionalisiert werden (**I**). Durch den starken +M-Effekt
der Ethergruppe sind sie, genau wie Phenole, sehr reaktiv für eine S_EAr und
dirigieren das Elektrophil in *ortho*-, beziehungsweise *para*-Position. Allerdings
kann es durch die starke Aktivierung auch zu Mehrfachsubstitutionen des Substrats kommen, was die Selektivität für weitere Funktionalisierungen verschlech-
tert. Es ist ebenfalls möglich, einen Teil der Ethergruppe abzuspalten, um zu den
entsprechenden Phenolderivaten zu gelangen (**II**). Dies gelingt durch die Proto-
nierung der Etherfunktion mithilfe starker Säuren, meist HBr oder HI, und anschließendem nukleophilen Angriff des Halogenidions unter Freisetzung des

11 T. S. S. Dikshith, *Hazardous Chemicals: Safety Management and Global Regulations*, CRC
   Press, **2013**.
12 H.-G. Elias, *An Introduction to Polymer Science*, Wiley-VCH, **1997**.

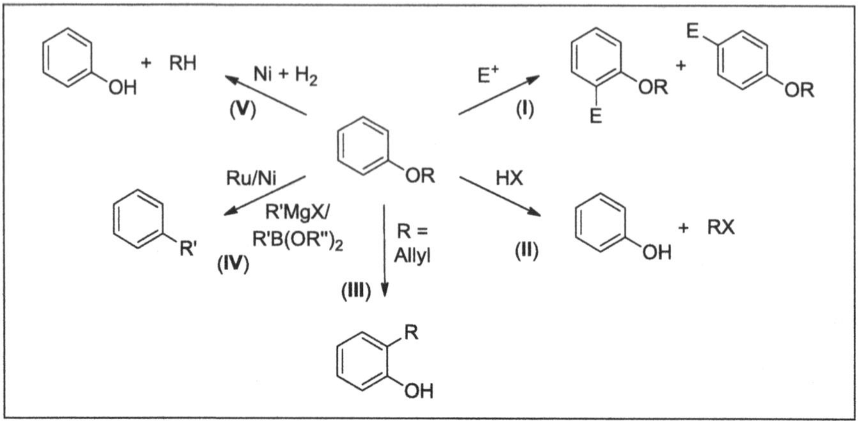

Schema 1:   Arylether als Syntheseintermediate.

Arylalkohols und des Alkylhalogenids. Des Weiteren können Aryl-Allylether beim Erhitzen in einer Claisen-Reaktion durch eine [3,3]-sigmatrope Umlagerung selektiv in die entsprechenden *ortho*-Hydroxyallylbenzole überführt werden (**III**).[13] Darüber hinaus ist es möglich, dass Arylether durch verschiedene Metallkatalysatoren, wie beispielsweise Ruthenium oder Nickel, Kreuzkupplungen mit aktivierten Arylverbindungen, wie Grignardverbindungen oder Boronsäureestern, eingehen (**IV**).[14] Arylether können ferner durch Nickelkatalysatoren mit Wasserstoff in einer Hydrogenolysereaktion gespalten werden (**V**).[15]

1.2 Gängige Methoden zur Darstellung von Arylethern

1.2.1 Traditionelle Methoden

Die bekannteste und am häufigsten angewandte Synthese symmetrischer und unsymmetrischer Arylether wurde bereits im 19. Jahrhundert durch Williamson entwickelt.[16] Diese erfolgt im Allgemeinen durch eine nukleophile Substitution aktivierter Aryl- oder Alkyl-halogenide, beziehungsweise -sulfonsäureester mit

---

13   L. Claisen, *Ber. Dtsch. Chem. Ges.* **1912**, *45*, 3157–3166.

14   a) E. Wenkert, E. L. Michelotti, C. S. Swindell, *J. Am. Chem. Soc.* **1979**, *101*, 2246– 2247; b) P. Schorigin, *Ber. Dtsch. Chem. Ges.* **1923**, *56*, 176–186; c) M. Tobisu, T. Shimasaki, N. Chatani, *Angew. Chem. Int. Ed.* **2008**, *47*, 4866–4869.

15   A. G. Sergeev, J. F. Hartwig, *Science* **2011**, *332*, 439–443.

16   a) A. W. Williamson, *Ann. Chem. Pharm.* **1851**, *77*, 37–49; b) A. W. Williamson, *Q. J. Chem. Soc.* **1852**, *4*, 229.

Phenolen. Für die Deprotonierung der Hydroxyfunktion werden starke Basen, wie zum Beispiel Natriumhydrid, benötigt. Die entstehenden Phenolate können dann als gute Nukleophile an den durch Halogenid- oder Sulfonsäureestergruppen aktivierten α-Kohlenstoffatomen angreifen und so die entsprechenden Arylether bilden (Schema 2).

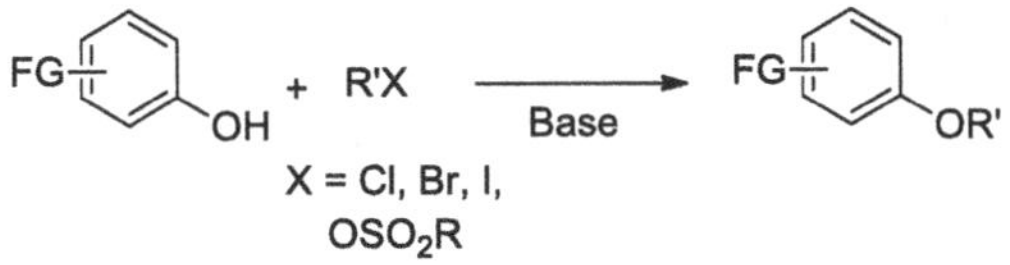

Schema 2:   Williamson-Ethersynthese.[16]

Allerdings ist diese sehr etablierte Synthese durch die harschen Reaktionsbedingungen und die Verwendung starker Basen in ihrer Anwendungsbreite stark limitiert. Außerdem können meist nur primäre Alkylierungsreagenzien umgesetzt werden, da sonst die Eliminierungsreaktion zu dem entsprechenden Alken erheblich bevorzugt wird. Generell ist es dadurch nur möglich sterisch wenig anspruchsvoll aktivierte Verbindungen mit Phenolen umzusetzen. Die Kupplung mit aktivierten Arenen zu Diarylethern gelingt deshalb ebenfalls nur unter umso harscheren Bedingungen und häufig in Gegenwart von Metallkatalysatoren.

Eine solche metallvermittelte klassische Synthese von Diarylethern wurde erstmals 1905 durch Ullmann beschrieben. Für diese Methode werden stöchiometrische Mengen an Kupfer sowie eine starke Base benötigt, um Arylhalogenide mit Phenolen zu den entsprechenden Arylethern zu kuppeln (Schema 3).[17]

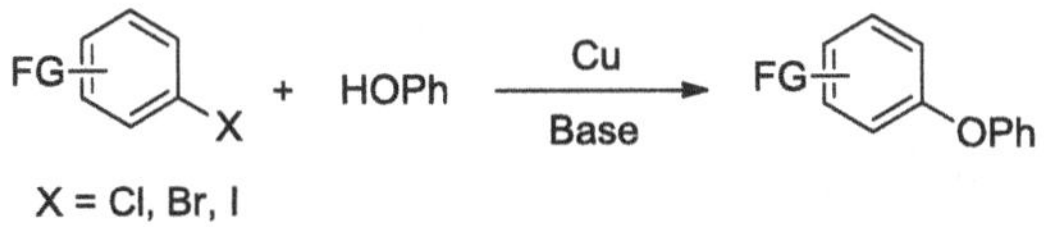

Schema 3:   Arylethersynthese nach Ullmann.[17]

Allerdings schränken auch hier die drastischen Reaktionsbedingungen der klassischen Ullmann-Reaktion die Anwendungsbreite der Arylethersynthese stark ein. Vor allem durch die Anwesenheit starker Basen ist auch dieses Protokoll auf relativ simple Substrate beschränkt. Außerdem werden gute Ausbeuten häufig nur für die Kupplung elektronenreicher Phenole mit elektronenarmen

---

17 a) A. A. Moroz, M. S. Shvartsberg, *Russ. Chem. Rev.* **1974**, *43*, 679; b) F. Ullmann, P. Sponagel, *Chem. Ber.* **1905**, *36*, 2211.

Arylhalogeniden erreicht.[18] Jedoch lieferte dieses metallvermittelte Verfahren eine bemerkenswerte Grundlage für nachfolgende Entwicklungen auf diesem Gebiet und stellt damit einen Meilenstein in der Suche nach effizienteren Methoden zur Arylethersynthese dar.

Der Mechanismus der Ullmann-Kupplung wurde bis heute noch nicht eindeutig geklärt. Daher werden vor allem zwei postulierte Wege in der Literatur diskutiert (Schema 4).[19]

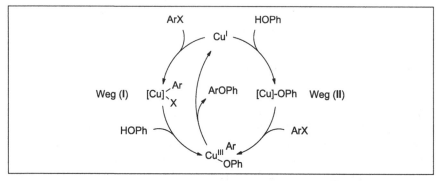

Schema 4:   Mögliche Mechanismen der Ullmann-Kupplung.[19]

Der Prozess könnte über eine oxidative Addition des Arylhalogenids, gefolgt von einer nukleophilen Substitution des Phenols an der Kupferspezies verlaufen (**I**). Andererseits könnte die nukleophile Substitution ebenfalls im ersten Schritt stattfinden (**II**). In beiden Fällen läuft dieser Reaktionsschritt über Cu^I- und Cu^{III}-Intermediate ab.[20] Anschließend wird durch eine reduktive Eliminierung der Cu^{III}-Spezies das Produkt erhalten und die aktive Cu^I-Katalysatorspezies zurückgewonnen.

1.2.2   Moderne Synthesestrategien

Eine der wichtigsten Weiterentwicklungen der Ullmann-Reaktion ist die von Buchwald und Hartwig bereits 1996 beschriebene katalytische Kupplung von Arylhalogeniden mit Phenolen oder anderen Alkoholen. Dieses redox-neutrale Verfahren ermöglicht einen hocheffizienten Zugang zu der wichtigen Substanz-

---

18   G. Evano, N. Blanchard, M. Toumi, *Chem. Rev.* **2008**, *108*, 3054–3131.
19   a) F. Monnier, M. Taillefer, *Angew. Chem.* **2009**, *121*, 7088–7105; *Angew. Chem. Int. Ed.* **2009**, *48*, 6954–6971; b) I. P. Beletskaya, A. V. Cheprakov, *Coord. Chem. Rev.* **2004**, *248*, 2337–2364.
20   a) S. V. Ley, A. W. Thomas, *Angew. Chem.* **2003**, *115*, 5558; *Angew. Chem. Int. Ed.* **2003**, *42*, 5400; b) K. Kunz, U. Scholz, D. Ganzer, *Synlett* **2003**, 2428.

klasse der Arylether. Dies gelingt in Gegenwart eines Palladiumkatalysators und einer Base (Schema 5).[21]

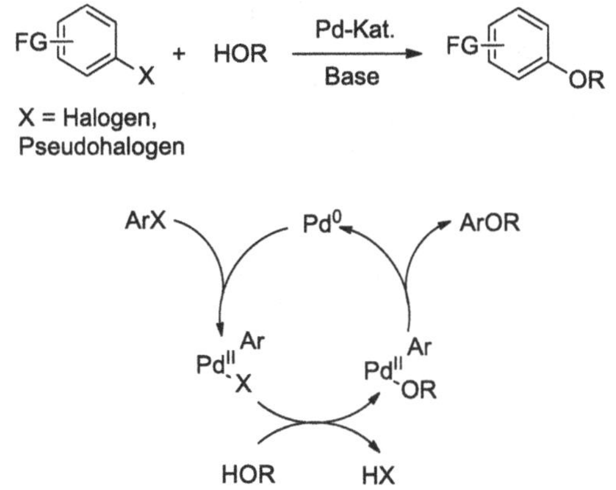

Schema 5:   Buchwald-Hartwig-Verfahren.[21]

Durch das Buchwald-Hartwig-Verfahren können Arylether unter erheblich milderen Bedingungen als in Ullmanns Protokoll dargestellt werden, wodurch eine größere Bandbreite funktioneller Gruppen toleriert wird. Aufgrund der Verwendung eines Palladiumkatalysators wird das Proton der Hydroxygruppe schon durch mildere Basen aktiviert. Die Nachteile solcher Pd-Katalysatoren sind jedoch die höheren Kosten, die geringe Luftstabilität und die hohe Wasser-empfindlichkeit. Außerdem kann es leicht zu β-H-Eliminierungen kommen, weshalb häufig komplexe und teure Ligandensysteme nötig sind, um gute Aus-beuten und Selektivitäten zu erhalten.[21,22] Der vereinfacht dargestellte Prozess von Buchwald und Hartwig verläuft über einen redox-neutralen Mechanismus. Im ersten Schritt wird das Arylhalogenid oxidativ an die Pd^0-Spezies addiert und bildet einen Pd^{II}-Komplex. Anschließend folgt der nukleophile Austausch des Halogenids durch den Alkohol sowie reduktive Eliminierung des Produktes unter Regeneration der aktiven Katalysatorspezies. Mittlerweile existieren einige Wei-terentwicklungen zu dem klassischen Buchwald-Hartwig-Verfahren. Zur Ver-meidung der durch den Einsatz von Palladium resultierenden Limitierungen

---

21 a) J. F. Hartwig, *Nature* **2008**, *455*, 314–322; b) S. V. Ley, A. W. Thomas, *Angew. Chem.* **2003**, *115*, 5558–5607; *Angew. Chem. Int. Ed.* **2003**, *42*, 5400–5449; c) M. Palucki, J. P. Wolfe, S. L. Buchwald, *J. Am. Chem. Soc.* **1996**, *118*, 10333–10334; d) G. Mann, J. F. Hartwig, *J. Am. Chem. Soc.* **1996**, *118*, 13109–13110.

22 a) K. Torraca, X. Huang, C. Parrish, S. L. Buchwald, *J. Am. Chem. Soc.* **2001**, *123*, 10770–10771; b) A. Aranyos, D. W. Old, A. Kiyomori, J. P. Wolfe, J. P. Sadighi, S. L. Buchwald, *J. Am. Chem. Soc.* **1999**, *121*, 4369–4378.

gelang es in einigen Fällen Kupfer als Katalysator einzusetzen, wodurch jedoch nur kostenintensive Aryliodide und vereinzelt aktivierte Arylbromide umgesetzt werden können.[23]

Im Jahr 1998 entwickelten Chan,[24] Evans,[25] und Lam[26] unabhängig voneinander ein modifiziertes Ullmann-System, das die Cu^{II}-vermittelte, oxidative Kreuzkupplung von Arylboronsäuren mit Phenolen in Gegenwart einer Aminbase ermöglicht. Für dieses Verfahren wird als Oxidationsmittel meist molekularer Sauerstoff benötigt (Schema 6).[27]

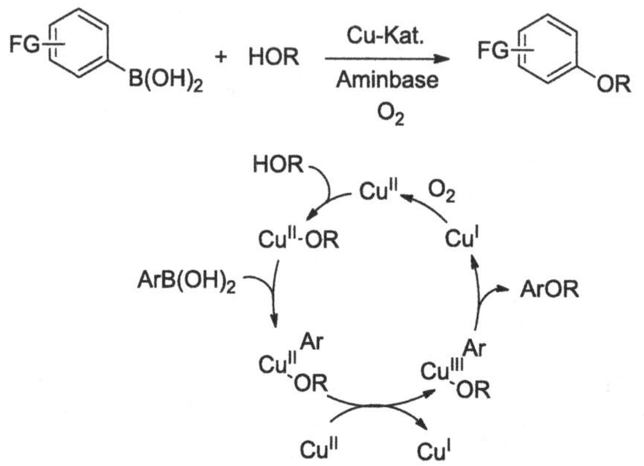

Schema 6:   Chan-Evans-Lam-Verfahren.[24,25,26]

Dieses neue Konzept einer Kreuzkupplung zur Aryletherbindung gelingt ebenfalls bei relativ milden Reaktionsbedingungen. Dadurch ist eine wesentlich größere strukturelle und reaktive Vielfalt zur Darstellung funktionalisierter Arylether gegeben. Außerdem kann als Verbesserung des Buchwald-Hartwig-Verfahrens der kupferbasierte Katalysator universeller eingesetzt werden. Er ist zudem günstiger, einfacher zu handhaben und β-H-Eliminierungen können als Nebenreaktion ausgeschlossen werden. Nachteile des Protokolls sind der meist stöchiometrische Einsatz der Kupferquelle, der für den vollständigen Umsatz

23 a) A. Shafir, P. A. Lichtor, S. L. Buchwald, *J. Am. Chem. Soc.* **2007**, *129*, 3490−3491. b) R. A. Altman, A. Shafir, A. Choi, P. A. Lichtor, S. L. Buchwald, *J. Org. Chem.* **2008**, *73*, 284−286. c) A. B. Naidu, E. A. Jaseer, G. Sekar, *J. Org. Chem.* **2009**, *74*, 3675−3679.

24 D. M. T. Chan, K. L. Monaco, R.-P. Wang, M. P. Winters, *Tetrahedron Lett.* **1998**, *39*, 2933−2936.

25 P. Y. S. Lam, C. G. Clark, S. Saubern, J. Adams, M. P. Winters, D. M. T. Chan, A. Combs, *Tetrahedron Lett.* **1998**, *39*, 2941−2944.

26 D. A. Evans, J. L. Katz, T. R. West, *Tetrahedron Lett.* **1998**, *39*, 2937−2940.

27 J. X. Qiao, P. Y. S. Lam, *Synthesis* **2011**, 829−856.

benötigt wird, und die Verwendung der teuren Kupplungspartner, der Arylboron-säuren, die aus Arylhalogeniden präformiert werden müssen. Das Chan-Evans-Lam-Verfahren verläuft über den vereinfacht dargestellten Reaktionsmechanis-mus, in welchem der Alkohol nukleophil an die aktive Cu^{II}-Katalysatorspezies koordiniert. Die Arylgruppe wird daraufhin über einen Transmetallierungsschritt durch die Boronsäure ebenfalls angefügt. Anschließend erfolgt die Oxidation des Intermediats durch einen weiteren Cu^{II}-Katalysator zu einer Cu^{III}-Spezies. Das Produkt, der Arylether, wird nun über eine reduktive Eliminierung zusammen mit einer Cu^{I}-Spezies freigesetzt, die mit molekularem Sauerstoff zur aktiven Katalysatorspezies reoxidiert wird.[28]

Zusammenfassend wird deutlich, dass moderne Methoden zur Einführung von Ether-Gruppen in aromatische Verbindungen, genau wie traditionelle Me-thoden, entweder aktivierte Substrate oder harsche Reaktionsbedingungen benö-tigen und deshalb für Funktionalisierungen komplexer Moleküle in einem späten Synthesestadium nicht optimal geeignet sind. Außerdem hängt die Effizienz dieser Verfahren sehr stark von der Verfügbarkeit der Startmaterialien mit den gewünschten Substitutionsmustern ab. Dahingehend konnten Aryletherkupplun-gen allerdings kürzlich auf bemerkenswerte Weise verbessert werden.

Gooßen *et al.* entwickelten erstmals eine decarboxylierende Variante einer Chan-Evans-Lam-artigen Kupplung.[29] In diesem Protokoll wird ein bimetalli-sches Katalysatorsystem, bestehend aus Silbercarbonat als Decarboxylierungs-katalysator und stöchiometrischen Mengen Kupferacetat, für die Kreuz-kupplungsreaktion verwendet. Dadurch können verschiedene *ortho*-substituierte aromatische Carboxylate in einer *ipso*-Substitution der Carboxyfunktion in die entsprechenden Arylether umgesetzt werden. Zur Einführung der Ethergruppe werden Alkoxysilane als Sauerstoffnukleophil benötigt (Schema 7).

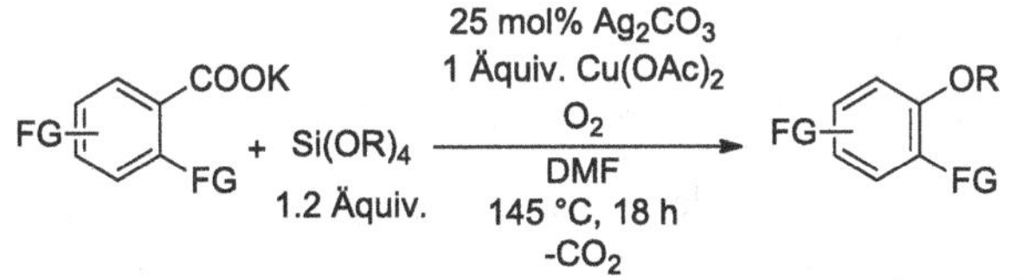

Schema 7:   Decarboxylierende Alkoxylierung nach Gooßen.[29]

Die Verwendung von in großer struktureller Vielfalt verfügbaren und preis-günstigen Carbonsäuren macht dieses Verfahren zur Synthese von Arylethern besonders interessant. Das bimetallische Katalysatorsystem toleriert eine Viel-zahl funktioneller Gruppen. Außerdem ist die Möglichkeit, *ortho*-funktional-

28 A. E. King, B. L. Ryland, T. C. Brunold, S. S. Stahl, *Organometallics* **2012**, *31*, 7948−7957.
29 S. Bhadra, W. I Dzik, L. J. Gooßen, *J. Am. Chem. Soc.* **2012**, *134*, 9938−9941.

isierte Produkte darzustellen ein weiterer großer Vorteil zu den traditionellen Buchwald-Hartwig- und Chan-Evans-Lam-Verfahren, für welche diesbezüglich nur sehr wenige Beispiele bekannt sind. Allerdings kann in der Reaktion kein freier Alkohol eingesetzt werden, da die nach dem Decarboxylierungsschritt entstehende netscher intermediäre Aryl-Metall-Spezies durch die Hydroxygruppe direkt protoniert und folglich nur das protodecarboxylierte Aren erhalten wird. Aufgrund dessen müssen präformierten Alkoxysilane als O-Nukleophile verwendet werden.

1.3 Arylethersynthese unter C–H-Aktivierung

Die Synthese von Arylethern über eine C–O-Bindungsbildung nach einer metall-vermittelten C–H-Aktivierung bietet einige Vorteile. Im Gegensatz zu den vorgestellten Methoden müssen keine aktivierten Kupplungspartner eingesetzt werden. Stattdessen bieten Aromaten mit unreaktiven C–H-Bindungen einen direkten Zugang zur wichtigen Substanzklasse der Arylether. Durch die Verwendung solcher unfunktionalisierten Arenverbindungen ergibt sich seitens der Startmaterialien nahezu keine Limitierung hinsichtlich funktioneller Gruppen. Es wird lediglich eine dirigierende Gruppe benötigt, die in der Lage ist, C–H-bindungsaktivierende Metallkatalysatoren zu koordinieren, um die gewünschten Arene in *ortho*-Position zu alkoxylieren. Die Verwendung einer solchen Gruppe für C–H-Funktionalisierungsreaktionen ist ein Standardhilfsmittel zur Darstellung unterschiedlichster Substrate in Gegenwart von Metallkatalysatoren unter milderen Bedingungen. Dementsprechend ist die Synthese von Arylethern durch eine derartige Reaktionsführung aus ökonomischer und ökologischer Sichtweise wesentlich günstiger.

1.3.1   *Direkte decarboxylierende Alkoxylierung*

Schon in den Forschungen der Chan-Evans-Lam-artigen, decarboxylierenden *ipso*-Alkoxylierung konnten Gooßen *et al.* anhand einer Beispielsreaktion zeigen, dass Carboxylate als dirigierende Gruppe in der Lage sind, Arene in der *ortho*-Position zu alkoxylieren und anschließend selbst zu protodecarboxylieren.[29] Dieser Befund wurde, unterstützt durch die mechanistischen Studien von Ribas und Stahl, die in Anwesenheit von Kupfer makrocyclische Ligandengerüste an einem Benzolring methoxylieren konnten,[30] weiter ausgebaut.[31] In dem neu

---

30   A. E. King, L. M. Huffman, A. Casitas, M. Costas, X. Ribas, S. S. Stahl, *J. Am. Chem. Soc.* **2010**, *132*, 12068-12073.
31   S. Bhadra, W. I. Dzik, L. J. Gooßen, *Angew. Chem.* **2013**, *125*, 3031–3035; *Angew. Chem. Int. Ed.* **2013**, *52*, 2959–2962.

entwickelten Verfahren werden ein modifiziertes bimetallisches Kupfer/Silber-Katalysatorsystem und ein Alkoxyborat als Quelle des Sauerstoffnukleophils verwendet. Die Alkoxygruppe kann durch dieses Protokoll selektiv in der *ortho-* statt der *ipso-*Position eingefügt werden (Schema 8).

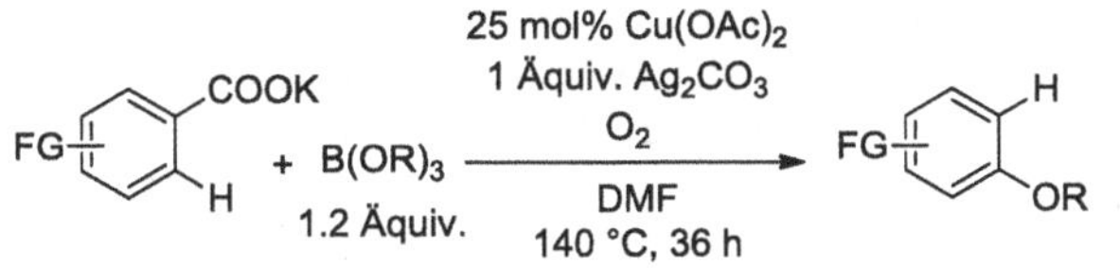

Schema 8:   Carboxylatdirigierte Alkoxylierung nach Gooßen.[31]

Durch diese Strategie gelang erstmals eine kupferkatalysierte C–H-aktivierende Alkoxylierungen von Arenen. Ferner wird die Carboxylatfunktionalität als dirigierende Gruppe in situ durch das demonstrierte bimetallische Katalysatorsystem rückstandsfrei abgespalten, womit das ursprüngliche Substitutionsmuster des Arens in genau definierter Art und Weise verändert wird. Trotz der bemerkenswerten Vorteile auf der Seite des Arens durch die Möglichkeit, Carbonsäuren als Kupplungspartner einzusetzen, besitzt dieses Verfahren durch die Verwendung der präformierten Alkoxyboratspezies als O-Nukleophil anstelle des freien Alkohols immer noch signifikantes Verbesserungspotential.

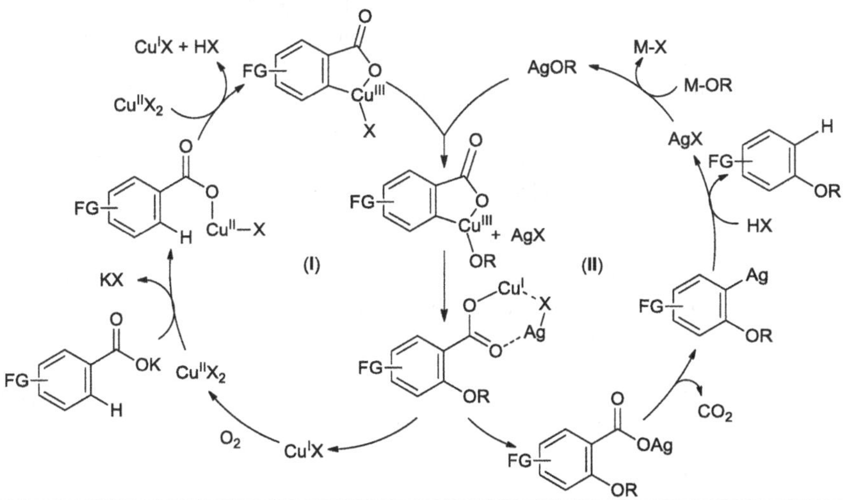

Schema 9:   Mechanismus der carboxylatdirigierten Alkoxylierung mit gekoppelter Protodecarboxylierung nach Gooßen.[31]

Der von Gooßen *et al.* postulierte Reaktionsmechanismus besteht aus einem kupfervermittelten Alkoxylierungs- (I) und einem silbervermittelten Protodecarboxylierungszyklus (II). Dabei wird eine Cu^{II}-Benzoatspezies in Gegenwart eines weiteren Äquivalents des Cu^{II} Salzes unter C–H-Aktivierung in eine Cu^{III}-Arylspezies, welche von Ribas und Stahl ebenfalls beschrieben wurde, überführt.[30] Anschließend transferiert eine durch das Silbersalz und Alkoxyborat gebildete Silberalkoxidspezies das Alkoholat an das Cu^{III}-Intermediat, gefolgt von einer reduktiven Eliminierung zu einem Cu^{I}-*ortho*-Alkoxybenzoat. Aus diesem wird nach Freisetzung der Cu^{I}-Spezies durch Oxidation mit Sauerstoff der aktive Kupferkatalysator rückgebildet. Daraufhin wird das Ag^{I}-*ortho*-Alkoxybenzoat in einem Protodecarboxylierungsschritt unter Abspaltung von CO_2 in den gewünschten Arylether überführt (Schema 9).

1.4 Dehydrierende Kreuzkupplungen

Die dehydrierende Kreuzkupplung ist eine besonders attraktive Strategie der C–H-Aktivierungsreaktionen zur Arylethersynthese. Dadurch werden zwei unterschiedliche Moleküle selektiv an einer bestimmten C–H- oder einer Heteroatom–H-Gruppe aktiviert und unter formalem Verlust eines äquivalenten H_2 miteinander verknüpft. Durch ein solches Einschrittverfahren verläuft die Funktionalisierung von Arenen wesentlich ressourcenschonender und weniger abfallintensiv als bei traditionellen oder modernen Kreuzkupplungen, bei denen die Substrate vorher mit Abgangsgruppen funktionalisiert werden müssen. Auf diesem Gebiet konnten in den letzten Jahren große Fortschritte erzielt werden. Allerdings wurden solche dehydrierenden Kreuzkupplungen meist nur zur C–C- und C–N-Bindungsbildungen demonstriert. Diese sind häufig auf teure Übergangsmetallkatalysatoren beschränkt und weisen zudem geringe Selektivitäten oder eine geringe Anwendungsbreite auf.[32] Dabei wurden bislang nur wenige Beispiele zur dehydrierenden Bildung von C–O-Bindungen beschrieben.

Die Arbeitsgruppe von Wan konnte kürzlich zeigen, dass dehydrierende Kreuzkupplungen an aliphatischen C-Atomen mit Carbonsäuren unter oxidativen Bedingungen möglich sind (Schema 10).[33]

32 a) N. Kuhl, M. N. Hopkinson, J. Wencel-Delord, F. Glorius, *Angew. Chem.* **2012**, *124*, 10382–10401; *Angew. Chem. Int. Ed.* **2012**, *51*, 10236–10254; b) F. W. Patureau, J. Wencel-Delord, F. Glorius, *Aldrichimica Acta* **2012**, *45*, 31–41; c) C.-J. Li, *Acc. Chem. Res.* **2009**, *42*, 335–344; d) T.-S. Mei, X. Wang, J.-Q. Yu, *J. Am. Chem. Soc.* **2009**, *131*, 10806–10807; e) J.-J. Li, T.-S. Mei, J.-Q. Yu, *Angew. Chem.* **2008**, *120*, 6552–6555; *Angew. Chem. Int. Ed.* **2008**, *47*, 6452–6455 f) W. C. P. Tsang, N. Zheng, S. L. Buchwald, *J. Am. Chem. Soc.* **2005**, *127*, 14560–14561.
33 L. Chen, E. Shi, Z. Liu, S. Chen, W. Wei, H. Li, K. Xu, X. Wan, *Chem. Eur. J.* **2011**, *17*, 4085–4089.

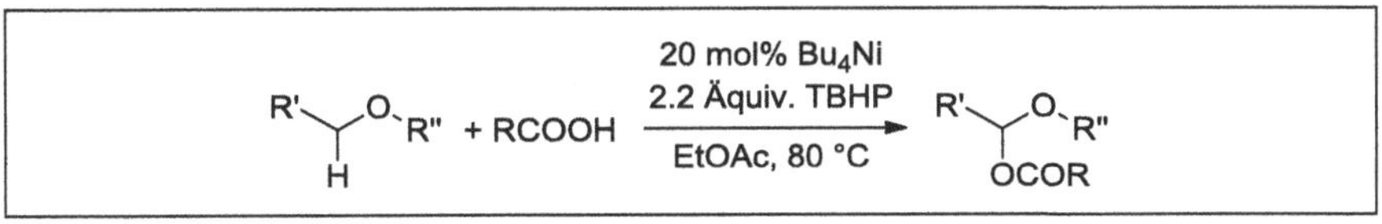

Schema 10:   Dehydrierende Kreuzkupplung nach Wan[33]

Außerdem wurde von Yu *et al.* eine palladiumkatalysierte dehydrierende Cyclisierung mit einer intramolekularen Hydroxygruppe zur Synthese von Dihydrobenzofuranderivaten beschrieben (Schema 11).[34]

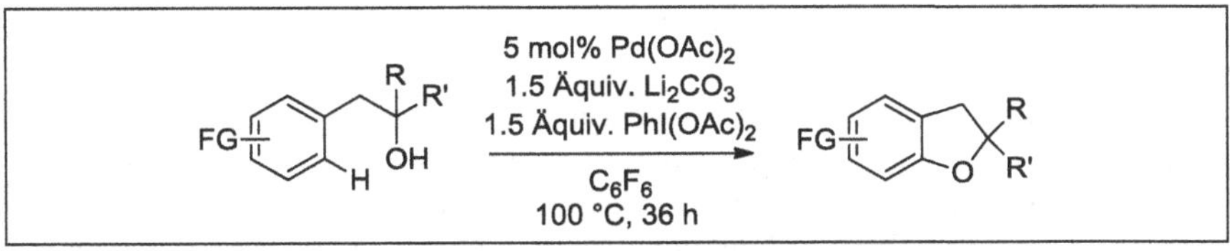

Schema 11:   Intramolekulare dehydrierende Kupplung nach Yu.[34]

Das gezeigte Konzept der dehydrierenden Alkoxylierung, die hier über eine intramolekulare Kupplung verläuft, konnte in der Literatur ebenfalls unter Verwendung eines freien Alkohols und eines Arens mit dirigierender Gruppe in einer intermolekularen Reaktionsführung angewendet werden. Auf diesem Gebiet wurde ebenfalls schon von einigen Fortschritten berichtet.

1.4.1   Dehydrierende Alkoxylierung

Eine effiziente dehydrierende Alkoxylierung von Arenen mit Alkoholen wäre eine besonders attraktive Strategie zur Synthese von Arylethern. Dafür können freie Alkohole direkt auch für Alkoxylierungen über C–H-Aktivierungsreaktionen genutzt werden, ohne diese durch einen zusätzlichen Schritt zu präformieren.

Allerdings ist der Einsatz von Alkoholen unter den benötigten Reaktionsbedingungen nicht trivial, da diese anfällig für mehrere Nebenreaktionen sind (Schema 12).

So dehydratisieren Alkohole beispielsweise leicht durch kationische oder radikalische Mechanismen zu den entsprechenden Alkenen[35] und sind für Oxida-

34 X. Wang, Y. Lu, H.-X. Dai, J.-Q. Yu, *J. Am. Chem. Soc.* **2010**, *132*, 12203–12205.
35 a) R. I. Khusnutdinov, A. R. Bayguzina, L. I. Gimaletdinova, U. M. Dzhemilev, *Russ. J. Org. Chem.* **2012**, *48*, 1191–1196; b) M. J. Fuchter, *Name Reactions for Functional Group Transformations* (Ed. J. J. Li, E. J. Corey), Wiley: Hoboken, N. J., **2007**, 334–342; c) T. Shibata, R. Fujiwara, Y. Ueno, *Synlett* **2005**, 152–154.

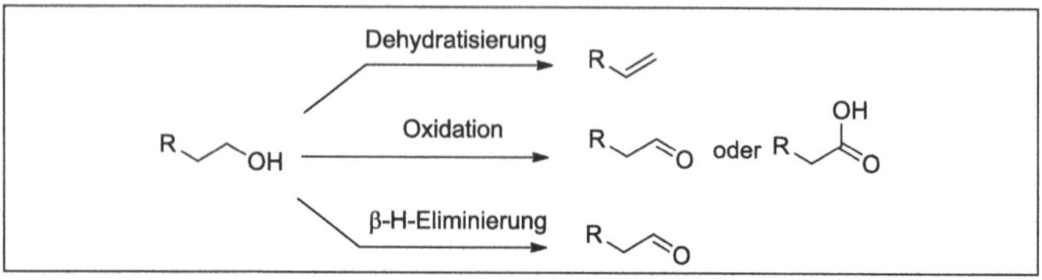

Schema 12:   Nebenreaktionen von Alkoholen.

tionsreaktionen zu den korrespondierenden Aldehyden oder Carbonsäuren anfällig.[36] Darüber hinaus neigen Metallalkoxyintermediate zu β-H-Eliminierungen.[37]

Trotz dieser möglichen Nebenreaktionen konnte eine dehydrierende Alkoxylierung zur Arylethersynthese in der Literatur erstmals durch Sanford *et al.* unter Verwendung einer stickstoffhaltigen dirigierenden Gruppe beschrieben werden. In diesen Studien zur Funktionalisierung von C–H-Bindungen gelang es, Benzo[*h*]chinolin in Anwesenheit von Pd(OAc)$_2$ als Übergangsmetallkatalysator, PhI(OAc)$_2$ als Oxidationsmittel und einem freien Alkohol in guten Ausbeuten zu alkoxylieren (Schema 13).[38]

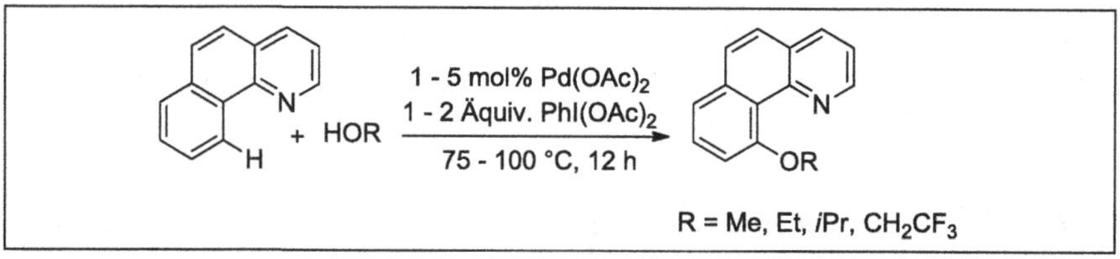

R = Me, Et, *i*Pr, CH$_2$CF$_3$

Schema 13:   Dehydrierende Alkoxylierung nach Sanford.[38]

Durch dieses Verfahren konnte die Möglichkeit zur Arylethersynthese durch eine dehydrierende Alkoxylierung zum ersten Mal nachgewiesen werden. Jedoch wurde die Umsetzung nur für dieses einzige Substrat ohne die Anwesen-

36 a) J. M. Hoover, B. L. Ryland, S. S. Stahl, *J. Am. Chem. Soc.* **2013**, *135*, 2357–2367; b) E. T. T. Kumpulainen, A. M. P. Koskinen, *Chem. Eur. J.* **2009**, *15*, 10901–10911; c) P. Gamez, I. W. C. E. Arends, R. A. Sheldon, J. Reedijk, *Adv. Synth. Catal.* **2004**, *346*, 805–811; d) P. Gamez, I. W. C. E. Arends, J. Reedijk, R. A. Sheldon, *Chem. Commun.* **2003**, 2414–2415; e) M. F. Semmelhack, C. R. Schmid, D. A. Cortés, C. S. Chou, *J. Am. Chem. Soc.* **1984**, *106*, 3374–3376.

37 a) X. Wu, B. P. Fors, S. L. Buchwald, *Angew. Chem.* **2011**, *123*, 10117–10121; *Angew. Chem. Int. Ed.* **2011**, *50*, 9943–9947; b) S. Gowrisankar, A. G. Sergeev, P. Anbarasan, A. Spannenberg, H. Neumann, M. Beller, *J. Am. Chem. Soc.* **2010**, *132*, 11592–11598; c) K. E. Torraca, X. Huang, C. A. Parrish, S. L. Buchwald, *J. Am. Chem. Soc.* **2001**, *123*, 10770–10771.

38 A. R. Dick, K. L. Hull, M. S. Sanford, *J. Am. Chem. Soc.* **2004**, *126*, 2300–2301.

heit verschiedener funktionellen Gruppen gezeigt. Des Weiteren wurden nur wenige und zudem einfache Alkohole, wie Methanol und Ethanol, 2-Propanol - als Vertreter eines sekundären Alkohols - sowie der stärker acide 2,2,2-Tri-fluoroethanol, eingesetzt, um das alkoxylierte Produkt darzustellen. Außerdem wird in diesem Protokoll durch Palladium ein relativ später und teurer Über-gangsmetallkatalysator verwendet, was einen weiteren Nachteil dieser Reaktion darstellt.

Sanford *et al.* konnten in anschließenden Forschungen neben Ben-zo[*h*]chinolin auch die Methoxylierung von Arenen mit *N*-Methoxyimin-Substituenten als dirigierende Gruppe zeigen. Dafür wurden größere Mengen des Palladiumkatalysators sowie des Oxidationsmittels, jedoch auch geringere Reak-tionstemperaturen benötigt (Schema 14).[39]

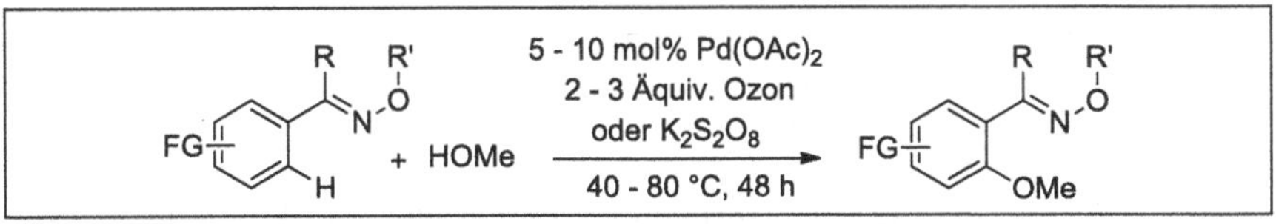

Schema 14:   Palladiumkatalysierte dehydrierende Methoxylierung nach Sanford.[39]

Neben der generellen Möglichkeit der Verwendung einer anderen dirigie-renden Gruppe konnte damit zusätzlich gezeigt werden, dass durch dieses Proto-koll das monoalkoxylierte Produkt selektiv erhalten wird, obwohl beide *ortho*-Positionen des Substrats, im Gegensatz zum Benzo[*h*]chinolin, für eine Alkoxy-lierung zur Verfügung stehen. Die Anwendungsbreite wurde allerdings ebenfalls nur anhand einer geringen Zahl an funktionellen Gruppen beschrieben. Des Wei-teren wurde in diesen Experimenten nur Methanol als Kupplungspartner einge-setzt.

Einige Weiterentwicklungen der palladiumkatalysierten dehydrierenden Al-koxylierungen von Sanford *et al.* konnten von zwei Arbeitsgruppen demonstriert werden. In den beschriebenen Forschungen wurde die Anwendungsbreite hin-sichtlich der funktionellen und dirigierenden Gruppen ausgiebiger bestimmt. Die Reaktionsbedingungen variierten im Vergleich zu den Pionierarbeiten jedoch kaum (Schema 15).[40,41,42] In diesen Verfahren wurde die dehydrierende Alkoxy-lierung durch die Verwendung von *N*-Methoxybenzamid-[40], Nitril-[41] und Ani-lidsubstituenten[42] als dirigierende Gruppen weiter verbessert. Das monosubstitu-ierte Produkt konnte, bis auf wenige Ausnahmen, ebenfalls spezifisch dargestellt

39   L. V. Desai, H. A. Malik, M. S. Sanford, *Org. Lett.* **2006**, *8*, 1141–1144.
40   T.-T. Yuan, G.-W. Wang, *J. Org. Chem.* **2010**, *75*, 476–479.
41   W. Li, P. Sun, *J. Org. Chem.* **2012**, *77*, 8362–8366.
42   T.-S. Jiang, G.-W. Wang, *J. Org. Chem.* **2012**, *77*, 9504–9509.

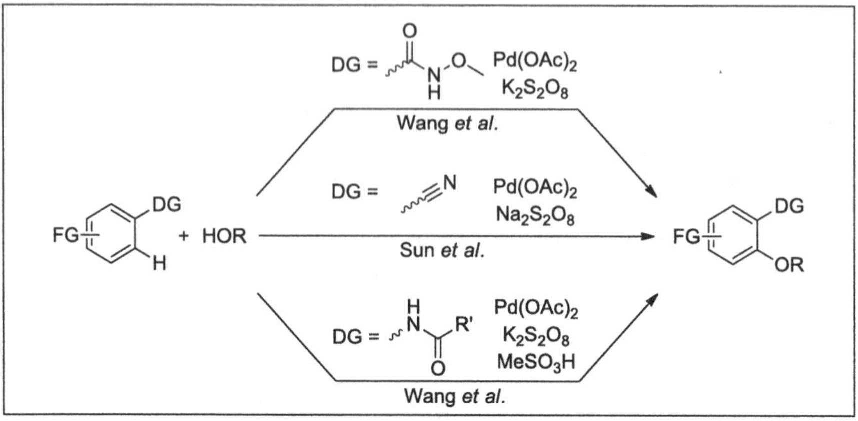

Schema 15: Palladiumkatalysierte dehydrierende Alkoxylierungen nach Wang[40,42] und Sun.[40]

werden. Obwohl die Anwendungsbreite aufseiten der Arensubstrate anhand vieler unterschiedlicher Funktionalitäten durch beide Arbeitsgruppen ausgiebig untersucht wurde, beschränkt sich auch hier die Variation der Alkohole, bis auf wenige Ausnahmen, auf einfache Alkohole, ähnlich der von Sanford *et al.* gezeigten Beispiele. Außerdem benötigen alle Protokolle große Mengen der Oxidationsmittel und vor allem hohe Beladungen des teuren Palladiumkatalysators bis zu 10 mol%, weshalb weitere Entwicklungen hinsichtlich einer Verwendung günstigerer Metallkatalysatoren der nächste große Fortschritt waren.

Yu *et al.* konnten in ihren Studien zur Funktionalisierung von Arenen einige Beispiele zur C–O-Bindungsbildung zeigen.[43] Ihnen gelang es durch die Verwendung von Cu(OAc)$_2$ als Übergangsmetallsalz und eines Pyridylrestes als dirigierende Gruppe, ein Aren sowohl zu hydroxylieren als auch zu acetoxylieren. Außerdem konnten sie erstmals eine kupfervermittelte dehydrierende Phenoxylierung mit einer selektiven Aktivierung in *ortho*-Position zeigen (Schema 16).

Yu *et al.* gelang mit diesem Beispiel der Nachweis einer kupfervermittelten dehydrierenden Kupplung zur Arylethersynthese. Dafür werden jedoch stöchiometrische Mengen des Kupfers benötigt. Außerdem wurde nur von der Umsetzung eines einzigen aktivierten aromatischen Phenols zum Produkt in unzureichenden Ausbeuten von 35 % berichtet. Dennoch stellen diese Arbeiten durch die Verwendung von Kupfer eine bedeutende Weiterentwicklung hinsichtlich einer breit anwendbaren dehydrierenden Alkoxylierung dar. In den mechanisti-

43 X. Chen, X.-S. Hao, C. E. Goodhue, J.-Q. Yu, *J. Am. Chem. Soc.* **2006**, *128*, 6790–6791.

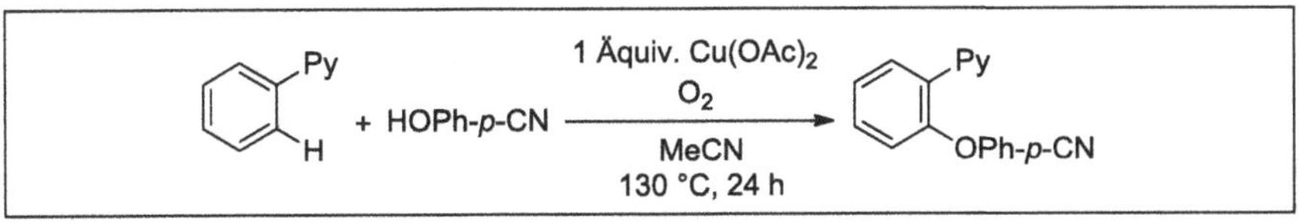

Schema 16:   Phenoxylierung nach Yu.[43]

schen Studien von Yu *et al.* zur im gleichen Zusammenhang beobachteten Chlorierung von 2-Phenylpyridin unter Verwendung von CuCl$_2$ und Dichlormethan als Lösungsmittel konnte kein kinetischer Isotopeneffekt beobachtet werden. Es wurde ein Mechanismus über einen Einelektronentransfer (SET: „single electron transfer") postuliert. Dabei entsteht das Kationenradikal im geschwindigkeitsbestimmenden Schritt und die funktionelle Gruppe wird von der koordinierten Cu^I-Spezies auf das Aren übertragen. Dieser Mechanismus wurde ebenfalls für die Phenoxylierung vermutet (Schema 17).

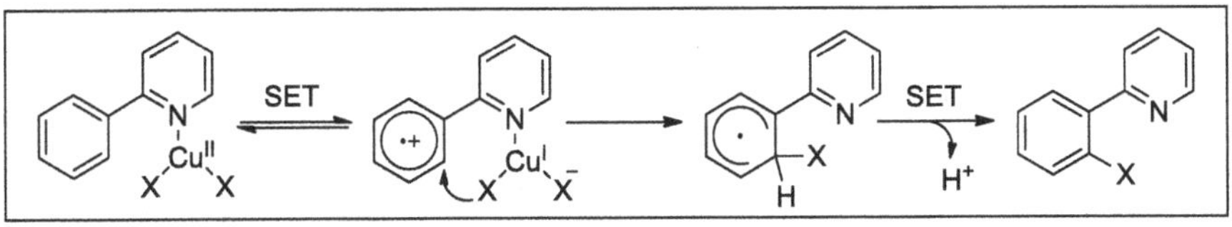

Schema 17:   Mechanismus der C–H-Funktionalisierung nach Yu.[43]

Noch während der Anfertigung dieser Diplomarbeit berichteten Kanai *et al.* von einem Protokoll zur dehydrierenden Alkoxylierung von Benzothiazol und Benzoimidazol durch CuCl als Katalysator und (^{t}BuO)$_2$ als Oxidationsmittel (Schema 18).[44]

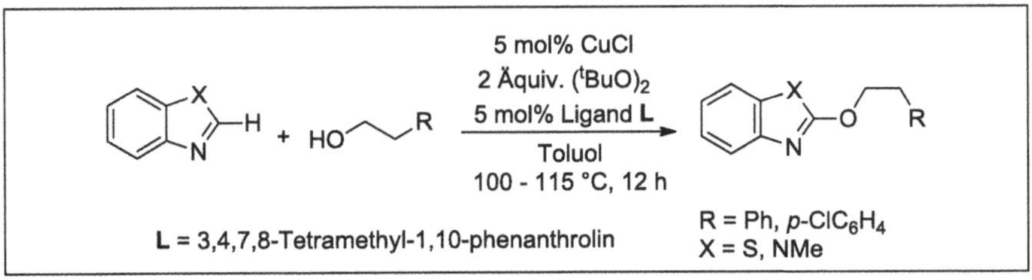

Schema 18:   Dehydrierende Alkoxylierung nach Kanai.[44]

Dadurch gelang ihnen die erste kupferkatalysierte direkte Alkoxylierung heteroaromatischer Verbindungen mit freien Alkoholen. Die Ausbeuten dieses

44 N. Takemura, Y. Kuninobu, M. Kanai, *Org. Lett.* **2013**, *15*, 844–847.

Verfahrens waren mit 16 % ohne Ligand und maximal 57 % mit dem Ligand **L** jedoch relativ niedrig. Die Anwendungsbreite der Alkohole beschränkte sich auf 2-Phenylethanol sowie ein *p*-Chlor-substituiertes 2-Phenylethanol. Darüber hinaus wurden nur Benzothiazol sowie Benzoimidazol zum alkoxylierten Produkt umgesetzt. Außerdem wird Di-*tert*-butylperoxid als sehr starkes Oxidationsmittel eingesetzt, wodurch dieses Verfahren vermutlich hinsichtlich unterschiedlicher Funktionalitäten deutlich eingeschränkt ist.

2 Aufgabenstellung

Im Rahmen dieser Diplomarbeit sollte eine effiziente Methode zur kupferkatalysierten dehydrierenden Kupplung von Arenen mit Alkoholen entwickelt werden. Eine solche neue Syntheseroute wäre ein besonders interessantes Verfahren zur Darstellung der wichtigen Substanzklasse der Arylether ohne die Verwendung teurer Edelmetallkatalysatoren. Ausgehend vom bewährten bimetallischen Kupfer/Silber-Katalysatorsystem zur *ortho*-Alkoxylierung durch Alkoxyborate von Gooßen *et al.*[31] sollte eine rationale Katalysatorentwicklung erfolgen. Dafür sollte ein Substrat mit einer stickstoffhaltigen dirigierenden Gruppe verwendet werden, um dieses mit freien Alkoholen als Alkoxidquelle umzusetzen.

Die Anwendungsbreite der entwickelten Methode sollte anschließend an zahlreichen Substraten mit unterschiedlichen funktionellen Gruppen untersucht werden. Zusätzliche mechanistische Studien sollten einen näheren Einblick in den Ablauf der entwickelten Reaktion liefern.

3 Ergebnisse und Diskussion

Als Modellsubstrat für die zu entwickelnde kupferkatalysierte dehydrierende Kupplung von Arenen mit freien Alkoholen wurde 2-Phenylpyridin (**1a**), ein Aren mit einer stickstoffhaltigen dirigierenden Gruppe, ausgewählt. Diese ist im Vergleich zur Carboxylgruppe, die unerwünschte Nebenreaktionen, wie beispielsweise eine Veresterung mit freien Alkoholen, eingehen kann, chemisch inert. Dadurch ist es sinnvoller **1a** zur Demonstration der prinzipiellen Durchführbarkeit eines solchen neuen Konzeptes ohne Edelmetallkatalysatoren zu verwenden. Zusätzlich eignen sich **1a** und verwandte Verbindungen, wie in weit mehr als in der Einleitung präsentierten Literatur demonstriert werden konnte, sehr gut für C–H-Funktionalisierungen zur C–O Bindungsbildung.[45] Diese wird durch den koordinierenden Effekt des Stickstoffs der 2-Pyridyl-Funktion als dirigierende Gruppe unterstützt. So könnte möglicherweise das Aren **1a** mit einem Alkohol **2** durch das bewährte bimetallische Katalysatorsystem der *ortho*-Alkoxylierung von Gooßen *et al.* mit Sauerstoff als Oxidationsmittel unter Verlust eines formalen Wasserstoffmoleküls zum gewünschten Arylether umgesetzt werden (Schema 19). Die freiwerdenden Wasserstoffatome würden üblicherweise im oxidativen Schritt, zum Beispiel durch die Bildung von Wasser, abgefangen werden, was signifikant zur thermodynamischen Triebkraft dieser Reaktion beitragen könnte.

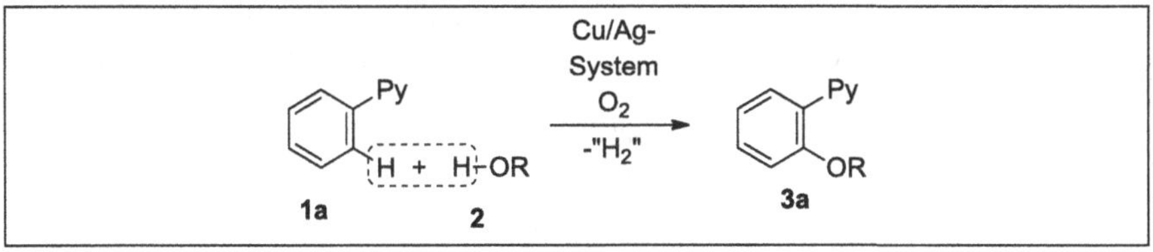

Schema 19:   Mögliche dehydrierende Alkoxylierung.

Zu einer solchen dehydrierenden Alkoxylierungsreaktion durch das Cu/Ag-Katalysatorsystem wurde im Vorfeld unter Verwendung bekannter Teilschritte, beispielsweise aus den Untersuchungen der Alkoxylierungen von Gooßen *et al.*, ein möglicher Mechanismus postuliert (Schema 20).

In dem mechanistischen Konzept des Alkoxylierungszyklus würde die Kupferspezies **A** mit dem Aren **1a** durch eine C–H-Aktivierung in der *ortho*-Position der 2-Pyridylfunktion in den Cu^{II}-Chelatkomplex **B** überführt werden.

---

45   T. W. Lyons, M. S. Sanford, *Chem. Rev.* **2010**, *110*, 1147–1169.

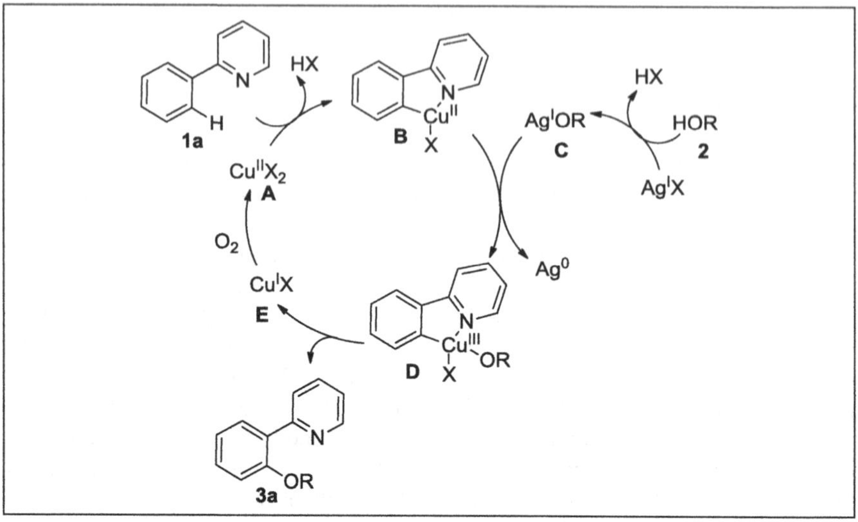

Schema 20:   Postulierter Mechanismus einer möglichen dehydrierenden Alkoxylierung.

Der Alkohol **2** würde in Gegenwart des Silbersalzes in eine intermediäre Silberalkoxidspezies **C** umfunktionalisiert werden[46] und könnte im folgenden Schritt durch einen Redoxprozess ein Alkoxyradikal auf **B** transferieren. Dadurch würde eine Cu^{III}-Arenspezies **D**, wie sie von Ribas und Stahl in anderem Zusammenhang etabliert wurde,[30] sowie metallisches Silber gebildet werden. Anschließende reduktive Eliminierung würde zu dem alkoxylierten Produkt **3a** sowie zu der Cu^{I}-Spezies **E** führen, die in Gegenwart molekularen Sauerstoffs wieder zur ursprünglichen aktiven Cu^{II}-Spezies **A** reoxidiert werden könnte.

3.1 Entwicklung einer dehydrierenden Alkoxylierung

Um eine dehydrierende Alkoxylierung zu entwickeln, musste zunächst die Reaktion durch das bimetallische Kupfer/Silber-Katalysatorsystem auf 2-Phenyl-pyridin (**1a**) als Substrat mit einer stickstoffhaltigen dirigierenden Gruppe übertragen werden. Dazu wurde versucht, das präformierte Alkoxylierungsreagenz, Trimethylborat (**5**) unter den Reaktionsbedingungen der *ortho*-

46 a) A. Reisinger, D. Himmel, I. Krossing *Angew. Chem.* **2006**, *118*, 7153–7156; *Angew. Chem. Int. Ed.* **2006**, *45*, 6997–7000; b) A. Reisinger, N. Trapp, I. Krossing, *Organometallics* **2007**, *26*, 2096–2105; c) R. S. Macomber, J. C. Ford, J. H. Wenzel, *Syn. React. Inorg. Metal-Org. Chem.* **1977**, *7*, 111–122.

Alkoxylierung nach Gooßen *et al.* mit **1a** zum entsprechenden Arylether **6** umzusetzen (Schema 21).

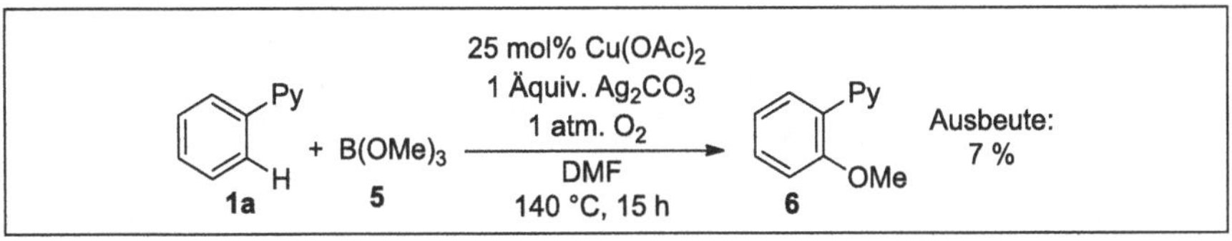

Schema 21:   Anwendung des Protokolls nach Gooßen auf 2-Phenylpyridin.

Dieser Reaktionsansatz gelang direkt in geringen Ausbeuten von 7 % und
wies somit nach, dass das bekannte Protokoll auch auf 2-Pyridyl als dirigierende
Gruppe übertragen werden kann. Damit war der experimentelle Anfang dieser
Diplomarbeit gegeben, von dem aus dieses Verfahren weiter optimiert werden
sollte und das Konzept auf eine dehydrierende Alkoxylierung unter Verwendung
freier Alkohole, anstelle der präformierten Spezies **5**, übertragen werden sollte.

In den ersten Experimenten der Reihenversuche wurde zunächst der Lö-
sungsmitteleinfluss auf die Methoxylierung von 2-Phenylpyridin mit Trimethylborat untersucht (Tabelle 1).

Bei der Variation des Lösungsmittels konnte im Vergleich zur vorher entwickelten Reaktion mit 7 % Umsatz (Eintrag 1) keine Ausbeutesteigerung erreicht werden. Bei der Verwendung von 1,4-Dioxan, Toluol und Chlorbenzol
wurde gar keine Produktbildung beobachtet (Einträge 2-4). Mesitylen, NMP und
DMSO als Lösungsmittel lieferten im Vergleich zur Standardreaktion ähnliche
Ausbeuten (Einträge 1,5-7). Durch den Einsatz von 1-Butanol als Lösungsmittel
konnte ebenfalls kein Umsatz zum methoxylierten Produkt erreicht werden (Eintrag 8). Allerdings wurde mit dieser Reaktion nicht nur der Einsatz des Alkohols
als Lösungsmittel getestet, sondern es wurde auch untersucht, ob dieser in der
Lage ist 2-Phenylpyridin direkt zu butoxylieren. Trotz der großen Hürde einer
solchen Reaktion konnte das einfach butoxylierte Produkt **3ab** in höheren Ausbeuten als die Methoxylierung mit der präformierten Boratspezies **5** in DMF
(Eintrag 1) festgestellt werden. Zudem wurde ebenfalls ein disubstituiertes Nebenprodukt **4** in geringen Mengen gebildet (Abbildung 3).

Durch diese Ergebnisse konnte somit direkt eine kupferkatalysierte dehydrierende Variante der C–O-Bindungsbildung durch eine stickstoffhaltige dirigierende Gruppe nachgewiesen werden.

Obwohl die Vermutung nahe liegt, dass es sich bei diesem Prozess um eine
direkte dehydrierende Alkoxylierung handelt, konnte nicht gänzlich ausgeschlossen werden, dass die Butoxygruppe über das entsprechende Borat durch den
Austausch der Methoxygruppen des Trimethylborats (**5**) mit dem Lösungsmittel
übertragen wird. Aus diesem Grund wurde die gleiche Reaktion ohne **5** getestet.

Tabelle 1:   Einfluss des Lösungsmittels auf die Alkoxylierung von 2-Phenylpyridin.

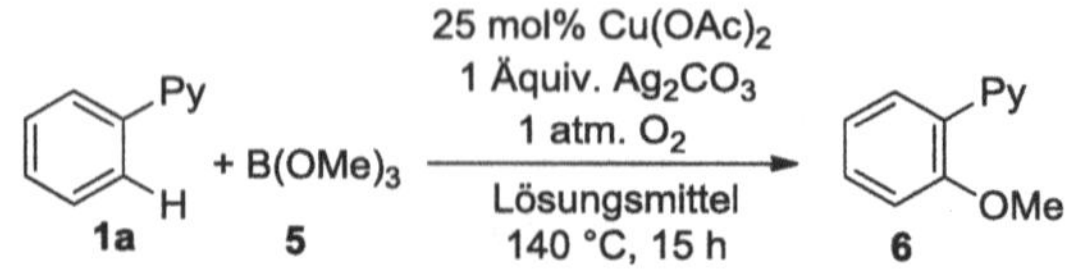

$$
\begin{array}{c}
\text{1a} \quad + \text{ B(OMe)}_3 \\
\text{5}
\end{array}
\xrightarrow[\substack{\text{Lösungsmittel} \\ 140\,°C,\ 15\ h}]{\substack{25\ \text{mol\%}\ \text{Cu(OAc)}_2 \\ 1\ \text{Äquiv. Ag}_2\text{CO}_3 \\ 1\ \text{atm. O}_2}}
\text{6}
$$

Eintrag	Lösungsmittel	6 [%]
1	DMF	7
2	1,4-Dioxan	0
3	Toluol	0
4	Chlorbenzol	0
5	Mesitylen	3
6	NMP	3
7	DMSO	5
8	1-Butanol	0[a]

Reaktionsbedingungen: 0.3 mmol **1a**, 2 mL Lösungsmittel, 25 mol% Cu(OAc)$_2$, 1 Äquiv. Ag$_2$CO$_3$, 5 Äquiv. B(OMe)$_3$, 1 atm. O$_2$, 140 °C, 15 h. Die Ausbeuten wurden mittels GC-Analyse mit *n*-Tetradecan als internem Standard bestimmt. [a]Gebildete Produkte: 10 % 2-(2-Butoxyphenyl)pyridin (**3ab**) und 4 % 2-(2,6-Dibutoxyphenyl)pyridin (**4**)

Außerdem wurde aus Gründen der technischen Umsetzung der Einfluss einer verringerten Reaktionstemperatur, welche nur gering über dem Siedepunkt von 1-Butanol (118 °C) lag, untersucht (Tabelle 2).

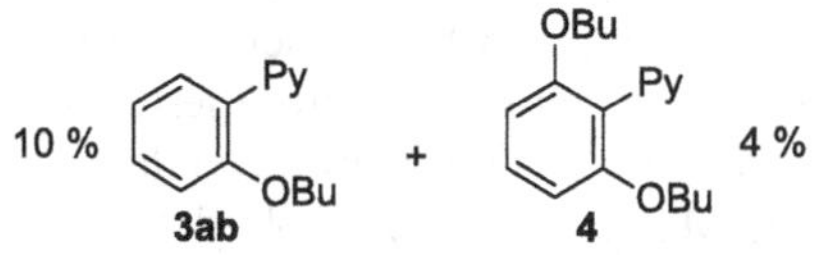

Abbildung 3:   Alkoxylierte Produkte bei Verwendung von 1-Butanol als Lösungsmittel.

Durch diese Experimente konnte gezeigt werden, dass die Reaktion auch ohne B(OMe)$_3$ Produkt lieferte (Einträge 1-2). Dies beweist, dass die dehydrierende Alkoxylierung nicht über eine Boratzwischenstufe verläuft. Der Alkohol wird stattdessen auf eine andere Weise, möglicherweise über die postulierte

Tabelle 2: Erste Experimente zur C–O-Bindungsbildung mit 1-Butanol als Lösungsmittel.

Eintrag	Additiv	Temperatur [°C]	3ab [%]	4 [%]
1	B(OMe)$_3$	140	10	4
2	-	"	10	4
3	-	120	15	4

Reaktionsbedingungen: 0.3 mmol **1a**, 2 mL **2b**, 25 mol% Cu(OAc)$_2$, 1 Äquiv. Ag$_2$CO$_3$, 5 Äquiv. Additiv, 1 atm. O$_2$, 15 h. Die Ausbeuten wurden mittels GC-Analyse mit *n*-Tetradecan als internem Standard bestimmt.

Silberalkoxidspezies, übertragen. Die Reaktion lief ebenfalls bei einer Reaktionstemperatur von 120 °C ab, wobei zusätzlich eine leichte Steigerung der Ausbeute beobachtet werden konnte (Eintrag 3). Abgesehen von den zur Produktbildung benötigten Mengen, verblieb das eingesetzte 2-Phenylpyrdin (**1a**) unkonsumiert in der Reaktionsmischung.

3.2 Optimierung der dehydrierenden Alkoxylierung

Nachdem die Durchführbarkeit der neuen Methode einer dehydrierenden Alkoxylierung mit einem Kupferkatalysator durch die Reaktion von **1a** mit **2b** nachgewiesen wurde, sollte nun die Ausbeute des monosubstituierten Arylethers durch die Optimierung des Katalysatorsystems gesteigert werden. Ausgehend von den unter Abschnitt **3.1** beschriebenen ersten Ergebnissen wurde zunächst der Einfluss der Silberquelle auf die Reaktion untersucht (Tabelle 3).

Bei der Variation des Silbersalzes konnte im Vergleich zu der Standardreaktion mit Ag$_2$CO$_3$ (Eintrag 1) unter Verwendung von AgOAc die Hauptproduktbildung zwar verbessert werden, jedoch nahm die Menge des unerwünschten doppelt butoxylierten Nebenproduktes **4** ebenfalls deutlich zu (Eintrag 11). Erst durch den Einsatz von AgOTf konnte eine Verdopplung der Ausbeute der Standardreaktion erzielt werden, ohne die Bildung des Nebenproduktes **4** signifikant zu begünstigen (Eintrag 12). Auch andere getestete Sulfonate zeigten eine ähnliche Steigerung der Ausbeute (Einträge 13-14). Daraus lässt sich der relativ große

Tabelle 3:   Einfluss der Silberquelle auf die dehydrierende Alkoxylierung.

Eintrag	Silberquelle	3ab [%]	4 [%]
1	Ag$_2$CO$_3$	15	4
2	AgNO$_3$	14	2
3	Ag$_2$SO$_4$	15	4
4	AgF	13	2
5	AgI	13	2
6	Ag$_2$O	6	0
7	AgBF$_4$	7	0
8	AgOBz	15	5
9	AgSbF$_6$	14	3
10	AgNO$_2$	4	0
11	AgOAc	22	15
12	**AgOTf**	**30**	**6**
13	Ag-*p*-Toluolsulfonat	27	8
14	Ag-*m*-Nitrophenylsulfonat	22	2

Reaktionsbedingungen: 0.3 mmol **1a**, 2 mL **2b**, 25 mol% Cu(OAc)$_2$, 1 Äquiv. Silberquelle, 1 atm. O$_2$, 120 °C, 15 h. Die Ausbeuten wurden mittels GC-Analyse mit *n*-Tetradecan als internem Standard bestimmt.

Einfluss des Gegenions des Silbersalzes erkennen, das nach dem postulieren Reaktionsmechanismus die Alkoxygruppe übertragen sollte.

Nachdem also Silbertriflat als beste Silberquelle identifiziert werden konnte, wurde nun der Einfluss der Kupferquelle als Katalysator für die C–H-Aktivierung auf die Reaktion untersucht (Tabelle 4).

Bei der Verwendung anderer Kupfersalze als jene in der Standardreaktion (Eintrag 1) konnten keine Ausbeutesteigerung erreicht werden (Einträge 2-9). Lediglich Cu^{II}-Trifluoracetat zeigte eine nahezu analoge Reaktivität (Eintrag 2).

Tabelle 4:   Einfluss der Kupferquelle auf die dehydrierende Alkoxylierung.

Eintrag	Kupferquelle	3ab [%]	4 [%]
1	$Cu(OAc)_2$	30	6
2	Cu^{II}-Trifluoracetat	31	6
3	$Cu(acac)_2$	0	0
4	CuO	0	0
5	$CuCl_2$	9	0
6	$Cu(OH)_2$	0	0
7	$CuSO_4$	6	0
8	$Cu(BF_4)_2$	15	0
9	$Cu(OTf)_2$	10	0

Reaktionsbedingungen: 0.3 mmol **1a**, 2 mL **2b**, 25 mol% Kupferquelle, 1 Äquiv. AgOTf, 1 atm. O_2, 120 °C, 15 h. Die Ausbeuten wurden mittels GC-Analyse mit *n*-Tetradecan als internem Standard bestimmt.

Da sich $Cu(OAc)_2$ schon in den vorherigen Studien der direkten Alkoxylierungen als guter Katalysator herausgestellt hatte, wurde die Referenzreaktion hinsichtlich der Kupferquelle nicht verändert. Stattdessen wurden weitere Parameter untersucht, die die Reaktion positiv beeinflussen könnten.

Da nun die optimalen Reagenzien des bimetallischen Katalysatorsystems gefunden wurden, sollte der Einfluss unterschiedlicher Mengen der verwendeten Metallsalze, $Cu(OAc)_2$ und AgOTf, auf die Reaktivität der Butoxylierung von **1a** untersucht werden (Tabelle 5).

Durch die Veränderung der Katalysatorbeladung von $Cu(OAc)_2$ konnten keine Fortschritte zur Verbesserung der Reaktion erzielt werden. Eine Verringerung der Kupferbeladung auf 10 mol% resultierte im Vergleich zur Referenzreaktion (Eintrag 2) in einer schlechteren Ausbeute (Eintrag 1). Die Verwendung stöchiometrischer $Cu(OAc)_2$-Mengen führte zu einer minimale Ausbeutesteigerung von **3ab** und **4**, die jedoch zu vernachlässigen ist (Eintrag 3). Erst die Variation der Silbermenge konnte die Umsetzung weiter verbessern (Einträge 4-6). Durch die Verwendung von 1.5 Äquivalenten AgOTf konnte die

Tabelle 5: Einfluss der Cu- und Ag-Beladung auf die dehydrierende Alkoxylierung.

Eintrag	Cu(OAc)$_2$	AgOTf [Äquiv.]	3ab [%]	4 [%]
1	10 mol%	1.0	19	3
2	25 mol%	"	30	6
3	1 Äquiv.	"	33	10
4	25 mol%	0.5	28	7
5	"	1.5	47	4
6	"	2.0	46	7
7	1 Äquiv.	1.5	50	11

Reaktionsbedingungen: 0.3 mmol **1a**, 2 mL **2b**, Cu(OAc)$_2$, AgOTf, 1 atm. O$_2$, 120 °C, 15 h. Die Ausbeuten wurden mittels GC-Analyse mit *n*-Tetradecan als internem Standard bestimmt.

Ausbeute von **3ab** deutlich auf 47 % gesteigert werden ohne die Menge an gebildetem Nebenprodukt **4** ebenfalls zu beeinflussen (Eintrag 5). Eine weitere Erhöhung der Silbermenge resultierte in keiner Ausbeutesteigerung (Eintrag 6). Auch unter Verwendung von stöchiometrischem Cu(OAc)$_2$ und 1.5 Äquivalenten AgOTf wurde keine weitere relevante Veränderung beobachtet (Eintrag 7). Also konnte die optimale Katalysatorbeladung im Tabelleneintrag 5 mit einer deutlichen Ausbeutesteigerung durch den Einsatz von 25 mol% Cu(OAc)$_2$ und 1.5 Äquiv-alenten AgOTf identifiziert werden.

Aufbauend auf der Optimierung des Katalysatorsystems wurde nun der Einfluss der Reaktionstemperatur und der Reaktionszeit auf die dehydrierende Alkoxylierung untersucht (Tabelle 6).

Anhand dieser Experimente zeigte sich, dass bei geringerer Temperatur im Vergleich zur optimierten Standardreaktion bei 120 °C (Eintrag 2) niedrigere Ausbeuten erhalten werden (Eintrag 1). Aus einer Erhöhung der Reaktionstemperatur auf 140 °C resultierte eine Steigerung der Ausbeute auf 54 % (Eintrag 3). Eine noch höhere Temperatur schmälerte die Menge an gebildetem Produkt (Eintrag 4). Nun wurde der Einfluss der Reaktionszeit bei optimierter Temperatur untersucht. Die Verlängerung der Reaktionszeit auf 24 Stunden führte zu einer weiteren deutlichen Ausbeutesteigerung auf 67 % des gewünschten einfach

Tabelle 6: Einfluss der Reaktionstemperatur und -zeit auf die dehydrierende Alkoxylierung.

Eintrag	Reaktionstemperatur [°C]	Reaktionszeit [h]	3ab [%]	4 [%]
1	100	15	25	3
2	120	"	47	4
3	140	"	54	4
4	160	"	32	7
5	**140**	**24**	**67**	**4**
6	"	48	69	9
7	"	72	66	10

Reaktionsbedingungen: 0.3 mmol **1a**, 2 mL **2b**, 25 mol% Cu(OAc)$_2$, 1.5 Äquiv. AgOTf, 1 atm. O$_2$. Die Ausbeuten wurden mittels GC-Analyse mit *n*-Tetradecan als internem Standard bestimmt.

butoxylierten Arens (Eintrag 5). Durch eine noch längere Reaktionsdauer konnte jedoch keine Erhöhung der Produktbildung erreicht werden. Lediglich die Menge des Nebenproduktes nahm dadurch geringfügig zu (Einträge 6-7).

Nachdem auch die optimale Reaktionstemperatur/-zeit von 140 °C und 24 Stunden der dehydrierenden C–H-Funktionalisierung identifiziert werden konnten, wurde nun der Einfluss verschiedener Liganden und Oxidationsmittel als Additive auf die Reaktion untersucht (Tabelle 7).

Um die Katalysatoraktivität zu verbessern wurden zunächst diverse Liganden getestet. Allerdings konnten weder Stickstoff-, noch Sauerstoff-Donorliganden die Ausbeute steigern (Einträge 2-11). Dies lässt sich durch die Bildung stabiler Chelatkomplexe der Liganden mit Cu^{II} erklären, wodurch Koordinationsstellen des Metalls für weitere Reaktionen blockiert werden, was die Vergiftung des Katalysators zur Folge hat.

Anschließend wurden verschiedene Oxidationsmittel als Additive getestet, die jedoch die Aktivität des Katalysatorsystems deutlich hemmten (Einträge 12-14).

Tabelle 7:   Einfluss verschiedener Liganden und Oxidationsmittel.

Eintrag	Ligand	Oxidationsmittel	3ab [%]	4 [%]
1	-	-	67	4
2	Bipyridin	-	50	10
3	1,10-Phenanthrolin	-	23	4
4	Neocuproin	-	10	6
5	Lutidin	-	51	8
6	2,6-Dimethoxypyridin	-	41	3
7	TMEDA	-	12	5
8	8-Hydroxychinolin	-	28	3
9	Acetylaceton	-	21	6
10	1,3-Diphenyl-1,3-propandion	-	16	5
11	2-Acetylcyclohexanon	-	13	4
12	-	$^{t}BuOO^{t}Bu$	20	5
13	-	$K_2S_2O_8$	17	0
14	-	I_2	0	0

Reaktionsbedingungen: 0.3 mmol **1a**, 2 mL **2b**, 25 mol% Cu(OAc)₂, 1.5 Äquiv. AgOTf, 25 mol% Ligand, 3 Äquiv. Oxidationsmittel, 1 atm. O₂, 140 °C, 24 h. Die Ausbeuten wurden mittels GC-Analyse mit *n*-Tetradecan als internem Standard bestimmt.

Da der verwendete Alkohol **2b** als Reaktionsmedium verwendet wurde, sollte in einer weiteren Versuchsreihe getestet werden, ob durch den Wechsel des Lösungsmittels die zugegebenen Mengen von **2b** auf fünf Äquivalente reduziert werden kann (Tabelle 8).

Aus den Ergebnissen lässt sich deutlich erkennen, dass eine Verringerung der 1-Butanolmenge auf fünf Äquivalente unter Verwendung eines anderen Lösungsmittels nur mit erheblichen Einbußen der Ausbeute möglich ist (Einträge 2-5). Es wäre dennoch erstrebenswert, die dehydrierende Alkoxylierung in einem

Tabelle 8: Geringere 1-Butanolmengen durch Verwendung verschiedener Lösungsmittel.

Eintrag	Lösungsmittel	3ab [%]	4 [%]
1	1-Butanol	67	4
2	DMF	10	0
3	DMSO	6	0
4	Mesitylen	14	Spuren
5	NMP	Spuren	0

Reaktionsbedingungen: 0.3 mmol **1a**, 5 Äquiv. **2b**, 2 mL Lösungsmittel, 25 mol% Cu(OAc)$_2$, 1.5 Äquiv. AgOTf, 1 atm O$_2$, 140 °C, 24 h. Die Ausbeuten wurden mittels GC-Analyse mit *n*-Tetradecan als internem Standard bestimmt.

anderen Lösungsmittel durchzuführen, da vor allem die Verwendung teurer Alkohole als Reaktionsmedium wirtschaftlich unerwünscht ist. Dem wurde indes aufgrund der sehr geringen Ausbeute nicht weiter nachgegangen und stattdessen versucht, die Produktbildung der Reaktion weiter zu steigern.

In den nächsten Experimenten wurde der Einfluss der 1-Butanolmenge untersucht. Hierzu wurde zwar weiterhin der Alkohol als Lösungsmittel verwendet, jedoch durch geringere Mengen der Einfluss der resultierenden erhöhten Konzentration der Reaktanden in der Reaktionsmischung überprüft (Tabelle 9).

Im Vergleich zur Standardreaktion (Eintrag 1) lässt sich deutlich eine Ausbeutesteigerung durch die Reduzierung der Lösungsmittelmenge feststellen. Schon bei Verwendung von 1.5 mL 1-Butanol war eine höhere Ausbeute zu beobachten (Eintrag 2). Doch bei der Verringerung der Lösungsmittelmenge auf 1 mL und der damit einhergehenden Konzentrationserhöhung wurde die Ausbeute signifikant auf 82 % verbessert (Eintrag 3). Bemerkenswerterweise konnte dabei die Bildung des Nebenproduktes 4 vollständig unterdrückt werden. Aus der Verwendung einer noch geringeren Menge von 2b folgte eine deutliche Abnahme der Ausbeute (Eintrag 4). Dies resultiert vermutlich aus der mangelnden Löslichkeit der Reaktanden, da bei der gegebenen Reaktionstemperatur oberhalb des Siedepunktes von 1-Butanol ein Teil des Lösungsmittels ebenfalls in der Gasphase vorliegt.

Tabelle 9:   Einfluss geringerer 1-Butanolmengen auf die dehydrierende Alkoxylierung.

Eintrag	1-Butanolmenge [mL]	3ab [%]	4 [%]
1	2.0	67	4
2	1.5	71	2
3	1.0	82	0
4	0.5	61	4

Reaktionsbedingungen: 0.3 mmol **1a**, **2b**, 25 mol% Cu(OAc)$_2$, 1.5 Äquiv. AgOTf, 1 atm. O$_2$, 140 °C, 24 h. Die Ausbeuten wurden mittels GC-Analyse mit *n*-Tetradecan als internem Standard bestimmt.

Nachdem die dehydrierende Alkoxylierung auf 82 % des monosubstituierten Produktes **3a** gesteigert werden konnte, wurden nun einige Kontrollexperimente, unter anderem bezüglich der Zusammensetzung des Katalysatorsystem und der Wasserempfindlichkeit, durchgeführt (Tabelle 10).

Im Vergleich zu den optimierten Reaktionsbedingungen der entwickelten dehydrierenden Alkoxylierung (Eintrag 1) wurde festgestellt, dass beim Ersetzen der Sauerstoff- durch eine Stickstoffatmosphäre die Produktbildung signifikant abnimmt. Lediglich 26 % Ausbeute konnte beobachtet werden (Eintrag 2). Dieser Wert entspricht ungefähr der eingesetzten Menge an Kupferkatalysator. Dies könnte ein Hinweis darauf sein, dass Sauerstoff die Rolle des terminalen Oxidationsmittels in dem Katalysezyklus einnimmt, ohne dass die intermediäre Cu^I-Spezies des postulierten Reaktionsmechanismus nicht mehr zur aktiven Cu^{II}-Katalysatorspezies reoxidiert werden kann. Im zweiten Kontrollexperiment wird die entscheidende Rolle des Silbers deutlich. Ohne den Einsatz von AgOTf konnte nur eine sehr geringe Ausbeute beobachtet werden (Eintrag 3). Auch die Verwendung katalytischer Mengen der Silberquelle resultierte in einer geringen Produktbildung (Eintrag 4). Während ohne Kupferkatalysator erwartungsgemäß keine dehydrierende Alkoxylierung stattfand (Eintrag 5), lieferte eine verringerte Menge von 10 mol% das gewünschte Produkt **3ab** nur in 32 % Ausbeute (Eintrag 6). Anschließend wurde der Einfluss unterschiedlicher Mengen an Wasser als Zusatz der optimierten Reaktion getestet. Schon bei Zugabe von 0.1 mL nahm die Reaktivität stark ab (Eintrag 7). Noch größere

Wassermengen unterdrückte die Reaktion zunehmend, was sich in sinkenden Ausbeuten äußerte (Einträge 8-10).

Tabelle 10: Kontrollexperimente der dehydrierenden Alkoxylierung.

Eintrag	Veränderung	3ab [%]	4 [%]
1	-	82	0
2	N_2 anstatt O_2	26	3
3	Ohne AgOTf	17	5
4	25 mol% statt 1.5 Äquiv. AgOTf	27	5
5	Ohne $Cu(OAc)_2$	0	0
6	10 mol% statt 25 mol% $Cu(OAc)_2$	32	0
7	+ 0.1 mL H_2O	41	0
8	+ 0.5 mL H_2O	36	0
9	+ 1.0 mL H_2O	32	0
10	+ 2.0 mL H_2O	12	0

Reaktionsbedingungen: 0.3 mmol **1a**, 1 mL **2b**, 25 mol% $Cu(OAc)_2$, 1.5 Äquiv. AgOTf, 1 atm. O_2, 140 °C, 24 h. Die Ausbeuten wurden mittels GC-Analyse mit *n*-Tetradecan als internem Standard bestimmt.

Verringerung der Katalysatorbeladung der dehydrierenden Alkoxylierung:

Die bislang verwendete Kupferbeladung von 25 mol% stellt aufgrund des kostengünstigen Übergangsmetalls keine signifikante Limitierung dieser Methode dar. Dies wird vor allem im Vergleich zu den eingesetzten Katalysatormengen sowohl in der Einleitung vorgestellten als auch der weiteren Literatur zu C–H-Funktionalisierungen mit Kupfer deutlich.[47] Allerdings ist es in jedem Fall erstrebenswert die Katalysatorbeladung weiter zu verringern. Dementsprechend

---

47 a) M. Zhang, *Appl. Organometal. Chem.* **2010**, *24*, 269–284; b) A. E.Wendlandt, A. M. Suess, S. S. Stahl, *Angew. Chem.* **2011**, *123*, 11256–11283; *Angew. Chem. Int. Ed.* **2011**, *50*, 11062–11087; c) C. Zhang, C. Tang, N. Jiao, *Chem. Soc. Rev.* **2012**, *41*, 3464 – 3484.

wurde die Möglichkeit untersucht die Ausbeute bei einer geringeren Katalysatorbeladung von 10 mol% zu steigern. So wurde der Einfluss unterschiedlicher *N*- und *O*-Donor- sowie verschiedener Phosphinliganden untersucht (Tabelle 11).

Tabelle 11: Verringerung der Kupferbeladung durch Liganden.

Eintrag	Ligand	3ab [%]	4 [%]
1	-	32	0
2	Bipyridin	12	3
3	1,10-Phenanthrolin	7	0
4	Neocuproin	13	0
5	2,6-Lutidin	31	4
6	2,6-Dimethoxypyridin	28	2
7	TMEDA	3	0
8	DMAP	21	2
9	2,4,6-Trimethylpyridin	37	7
10	2,6-Di-*tert*-butylpyridin	29	4
11	2,6-Di-*tert*-butyl-4-methylpyridin	40	6
12	Acetylaceton	0	0
13	L-Prolin	16	0
14	Triphenylphosphin	33	23
15	Tricyclohexylphosphin	20	11
16	Tri-*tert*-butylphosphin	38	7
17	XPhos	24	3
18	*rac*-BINAP	38	6

Reaktionsbedingungen: 0.3 mmol **1a**, 1 mL **2b**, 10 mol% Cu(OAc)$_2$, 1.5 Äquiv. AgOTf, 20 mol% Ligand, 1 atm. O$_2$, 140 °C, 24 h. Die Ausbeuten wurden mittels GC-Analyse mit *n*-Tetradecan als internem Standard bestimmt.

Aus diesen Experimenten zeigte sich, dass der Einsatz von Liganden keine Steigerung der Bildung des Hauptproduktes **3ab** bewirkt. Dies lässt sich, wie bei den Untersuchungen zum Einfluss der Liganden zuvor, mit der Vergiftung des Katalysators durch die Bildung stabiler Komplexe erklären. Folglich haben bis auf wenige Ausnahmen die verwendeten Liganden zu keiner Ausbeuteerhöhung geführt. Stattdessen nahm die Reaktivität in vielen Fällen deutlich ab (Einträge 2-18). In 2-, 4- und 6- Position substituierte Pyridine (Einträge 9,11), ein sterisch anspruchsvolles Tri-*tert*-butylphosphin (Eintrag 16) sowie *rac*-BINAP (Eintrag 18) begünstigten die Produktbildung leicht. Da die Erhöhung der Ausbeuten durch diese Experimente nur in wenigen Fällen und zudem unwesentlich erfolgreich war, wurde der Einfluss von Liganden nicht weiter untersucht.

Stattdessen wurden nun andere Ansätze zur Verringerung der Katalysatormenge auf 10 mol% verfolgt. Dafür wurden als Gegenion der Kupfersalze andere Carboxylate sowie das nicht-koordinierende Triflat zusammen mit Acetatsalzen nach dem Protokoll von Stahl *et al.* verwendet (Tabelle 12).[28]

Tabelle 12: Einfluss der Kupferquelle und Acetaten als Additiv bei 10 mol% Katalysatorbeladung.

Eintrag	Kupferquelle	Additiv	3ab [%]	4 [%]
1	Cu(OAc)$_2$	-	32	0
2	Cu(OTf)$_2$	-	26	0
3	Cu(HCO$_2$)$_2$	-	21	4
4	Cu(C$_2$H$_5$CO$_2$)$_2$	-	34	10
5	**Cu(OTf)$_2$**	**NaOAc**	**61**	**5**
6	"	KOAc	44	7
7	"	CsOAc	21	7
8	"	NaOMe	24	0
9[a]	"	NaOAc	77	5

Reaktionsbedingungen: 0.3 mmol **1a**, 1 mL **2b**, 10 mol% Kupferquelle, 1.5 Äquiv. AgOTf, 1 Äquiv. Additiv, 1 atm. O$_2$, 140 °C, 24 h. [a] 25 mol% Kupferquelle. Die Ausbeuten wurden mittels GC-Analyse mit *n*-Tetradecan als internem Standard bestimmt.

In dieser Versuchsreihe konnte demonstriert werden, dass die Verwendung anderer Carboxylate keinen positiven Einfluss auf die Hauptproduktbildung der Reaktion nimmt (Einträge 1-4). Allerdings wurde durch den Einsatz von Cu(OTf)$_2$ mit NaOAc die Ausbeute fast auf das Doppelte gesteigert, wobei jedoch das doppelt butoxylierte Produkt wieder in kleinen Mengen gebildet wurde (Eintrag 5). Diese Ergebnisse stimmen mit den von Stahl *et al.* beschriebenen Erkenntnissen, dass Kupfer(II)katalysatoren mit nicht-koordinierenden Gegenionen durch NaOAc aktiviert werden können, überein.[28] Bei der Variation der Acetatsalze (Einträge 6-7) oder bei der Verwendung von NaOMe konnten keine besseren Ausbeuten beobachtet werden (Eintrag 8). Im letzten Experiment wurde testweise die Katalysatorbeladung abermals erhöht, um zu überprüfen, ob diese Reaktionsbedingungen zu einer noch größeren Ausbeute als bei der Standardreaktion mit Cu(OAc)$_2$ führen. Die Produktbildung dieser Reaktion war unwesentlich kleiner, jedoch nicht vollständig selektiv zur monoalkoxylierten Spezies **3ab** (Eintrag 9).

Folglich konnte die angestrebte 10 mol%ige Katalysatorbeladung mit Einbußen der Produktbildung auf 61 % erreicht werden. Allerdings ist die Standardreaktion mit einer Ausbeute von 82 % immer noch wesentlich vorteilhafter. Dennoch ist dieses Verfahren durch die Verwendung eines günstigen Kupfersalzes für die dehydrierende Alkoxylierung, vor allem im Vergleich zu den vorher verwendeten Palladiumsalzen und ebenso zu der stöchiometrisch kupfervermittelten Phenoxylierung, auch unter Verwendung von 25 mol% ein außergewöhnlicher katalytischer Prozess.

3.3 Anwendungsbreite der dehydrierenden Alkoxylierung

Zur Bestimmung der Anwendungsbreite der dehydrierenden Alkoxylierung wurde das optimierte Katalysatorsystem mit 25 mol% Kupferbeladung verwendet. Durch die höhere Ausbeute dieser Reaktion kann die Anwendbarkeit des Reaktionskonzeptes besser demonstriert werden. Dieser Teil der Diplomarbeit wurde in Zusammenarbeit mit Dr. Sukalyan Bhadra, der einige der Verbindungen darstellte sowie Dr. Dmitry Katayev, der einige der verwendeten Startmaterialien synthetisierte, erstellt. Für die Anwendungsbreite sollte die Toleranz der Reaktion auf unterschiedliche Alkohole und auf eine Reihe elektronisch und sterisch unterschiedlicher 2-Phenylpyridine geprüft sowie einige andere stickstoffhaltige dirigierende Gruppen getestet werden. Dementsprechend wurden analog zu der entwickelten Standardreaktion verschiedene Substrate in einem präparativen Maßstab zur Charakterisierung der Produkte miteinander zur Reaktion gebracht (Tabelle 13).

Tabelle 13: Anwendungsbreite der dehydrierenden Alkoxylierung.

Produkt	Ausbeute [%]	Produkt	Ausbeute [%]
3aa OEt Py	65	**3ab** OBu Py	78[a] 58[b] 76[c]
3ac O^{i}Pr Py	53	**3ad** O Py	57
3ae O Ph Py	59	**3af** O OMe Py	65
3ag O Py	54[d]	**3ah** O Py	32
3bb OBu Py	80	**3cb** MeO OBu Py	82
3db Cl OBu Py	64	**3eb** Br OBu Py	58[e]
3fb O Ph OBu Py	61	**3gb** OBu Py	56
3hb OBu Py	68	**3ib** Ph OBu Py	54

Produkt	Ausbeute [%]	Produkt	Ausbeute [%]
3jb	41	3kb	69
3lb	58	3mb	76
3na	51	3ob	62
3pb	67	3qb	55

Reaktionsbedingungen: 1.00 mmol **1a-q**, 3 mL **2a-h**, 25 mol% Cu(OAc)$_2$, 1.5 Äquiv. AgOTf, 1 atm. O$_2$, 140 °C, 24 h. [a] Zusammen mit 19 % Startmaterial **1a** [b] 10 mol% Cu(OTf)$_2$ + 1 Äquiv. NaOAc [c] 25 mol% Cu(OTf)$_2$ + 1 Äquiv. NaOAc [d] 1.8 mL (S)-(+)-2-BuOH. [e] Zusammen mit 13 % 2-(4-Butoxyphenyl)pyridin.

Bei der Untersuchung der Anwendungsbreite der dehydrierenden Alkoxylierung konnten unter anderem verschiedenen Alkohole erfolgreich mit 2-Phenylpyridin umgesetzt werden. Dies gelang zum Beispiel für lineare sowie verzweigte Alkohole (**3aa-3af**). Im Beispiel **3ab**, der Standardreaktion der Optimierungsversuche, konnte das Produkt ebenfalls erfolgreich mit 10 mol% Cu(OTf)$_2$ / 1 Äquivalent NaOAc in 58 % und mit 25 mol% Cu(OTf)$_2$ / 1 Äquivalent NaOAc in 76 % Ausbeute isoliert werden. Eine weitere wichtige Entdeckung wurde gemacht, indem gezeigt werden konnte, dass chirale Alkohole (**3ag-3ah**), unter anderem der Naturstoff Menthol (**3ah**), unter Erhalt ihrer sterischen Konfiguration zum alkoxylierten Produkt reagieren. Bei der Reaktion mit allylischen sowie benzylischen Alkoholen wurden nur GC-MS-Ausbeuten unter 10 % erreicht, weshalb auf eine Isolation verzichtet wurde. Die geringe Reaktivität ergibt sich wahrscheinlich aus der hohen Empfindlichkeit dieser Alkohole gegenüber Oxidationsreaktionen.[36a] Aus dem gleichen Grund konnte vermutlich keine Produktbildung bei der Verwendung von Methanol festgestellt werden. Des Weiteren war geschmolzenes Phenol als Lösungsmittel ungeeignet, da es zu einer oxidativen Selbstkupplung kam.

Zusätzlich konnten durch dieses Protokoll nicht nur verschiedene Alkohole, sondern auch eine Vielzahl von 2-Phenylpyridinen mit unterschiedlichen funktionellen Gruppen am Phenylring umgesetzt werden. So gelang es, diverse Arene mit Alkyl-, Aryl-, Acyl- und Halogenid-Substituenten (3bb–3kb) erfolgreich zu butoxylieren. Selbst mit einer Bromidgruppe konnte eine Produktbildung von 58 % 3eb erreicht werden, wobei zusätzlich eine Substitution des Bromids durch eine Alkoxygruppe in 13 % zu beobachten war. Außerdem konnte ein 2-Pyridyl-substituiertes Thiophen ebenfalls zum entsprechenden Arylether umgesetzt werden (3lb). Nitrogruppen wurden nur in geringen GC-MS-Ausbeuten unter 10 % toleriert. Ein Substituent an der Pyridyl-Gruppe von 2-Phenylpyridin konnte ebenfalls anhand eines Beispiels demonstriert werden (3mb).

Alternativ zu 2-Pyridyl konnten auch andere stickstoffhaltige dirigierende Gruppen eingesetzt werden. So gelang es mit Benzo[h]chinolin (3na), Pyrimidinen (3ob, 3pb) und Pyrazol (3qb) die ortho-C–H-Bindung zu alkoxylieren. Die Verwendung von Aminen, Amiden, Hydrazonen und Oximen als dirigierende Gruppen resultierte allerdings in keiner Umsetzung zu dem gewünschten Produkt. Bei beiden zuletzt genannten Gruppen wurde stattdessen eine große Menge an gebildetem Benzoesäurebutylester beobachtet.

Eine weitere sehr interessante Entdeckung bei der Untersuchung der Anwendungsbreite resultierte aus der Umsetzung von 2-Benzylpyridin (1r) mit 1-Butanol. Es gelang die Butoxygruppe selektiv in die benzylische anstatt der aromatischen C–H-Bindung einzuführen, wobei 3rb in einer Ausbeute von 57 % erhalten wurde (Schema 22).

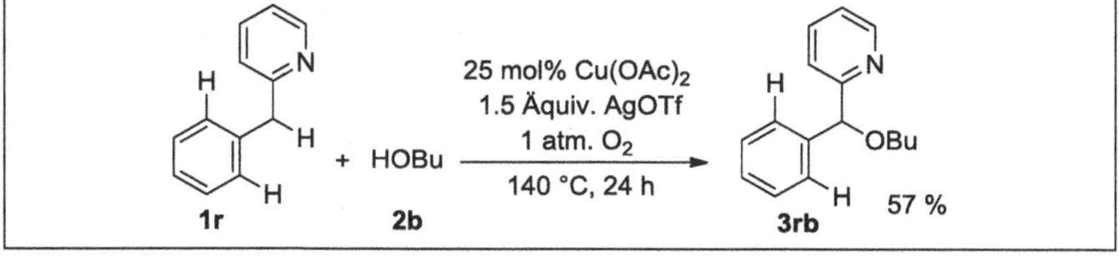

Schema 22:   Dehydrierende Alkoxylierung einer sp^3-C–H-Bindung.

Also konnte das Reaktionskonzept auch für die Funktionalisierung benzylischer C–H-Bindungen angewendet werden. Dies bestätigt, dass das gefundene

Protokoll für die regioselektive dehydrierende Alkoxylierung nicht nur auf die Aktivierung von sp^2-C–H-Bindungen limitiert ist, sondern durch einige Optimierungen auch auf aliphatische sp^3-C–H-Gruppen breit anwendbar sein könnte. In diesem Zusammenhang wurde ebenfalls 2-Picolin als Substrat getestet und unter den Standardreaktionsbedingungen konnte mittels GC-MS-Analyse eine Produktbildung, jedoch nur in geringen Mengen unter 10 %, festgestellt werden. Dieses Experiment bestätigt ebenfalls die mögliche Erweiterung des Protokolls auf andere aliphatische *ortho*-C–H-Bindungen.

Bei der Untersuchung der Anwendungsbreite wurde demnach festgestellt, dass der entwickelte Prozess für die kupferkatalysierte dehydrierende Alkoxylierung breit anwendbar ist. Viele unterschiedliche Substrate konnten in teilweise moderaten bis guten Ausbeuten dargestellt und vollständig charakterisiert werden.

Die dehydrierende Kupplung von Arenen und Alkoholen war in allen Fällen regiospezifisch und kein doppelt alkoxyliertes Aren wurde beobachtet. Des Weiteren verblieb das nichtreagierte Startmaterial **1a-r** in der Reaktionsmischung ohne weitere Nebenreaktionen einzugehen. Dies wurde durch die Isolation von 2-Phenylpyridin (**1a**), in der Reaktion mit 1-Butanol (**2b**), exemplarisch durchgeführt (**3ab**). Typische Nebenreaktionen der Alkohole beinhalteten die Bildung symmetrischer Ether (circa 30 % in Bezug auf den Alkohol) und von Dialkylacetalen (<2 %).

3.4 Mechanistische Untersuchungen

Um den postulierten Reaktionsmechanismus der dehydrierenden Alkoxylierung, der am Anfang des dritten Abschnittes im Schema 20: vorgestellt wurde, kritisch zu hinterfragen und ihn gegebenenfalls zu bestätigen oder zu modifizieren wurden einige Kontrollexperimente durchgeführt. Diese mechanistischen Untersuchungen wurden ebenfalls in Zusammenarbeit mit Dr. Sukalyan Bhadra bearbeitet.

Zunächst wurde untersucht ob die dehydrierende Alkoxylierung über einen radikalischen Mechanismus verläuft. Dafür wurden Radikalfänger als Additive zu den optimierten Bedingungen hinzugefügt. In der Gegenwart von TEMPO und *p*-Benzochinon (jeweils 1.5 Äquivalente) wurde die Produktbildung komplett unterdrückt. Im Fall von TEMPO wurde ausschließlich 1,1-Dibutoxybutan in hoher Ausbeute generiert. Durch diese Erkenntnisse liegt die Vermutung nahe, dass in der Reaktion ein radikalischer Schritt involviert ist. Ein weiterer Hinweis darauf lieferte die Standardreaktion mit 2-Phenylpyridin, in der ebenfalls 1,1-Dibutoxybutan in Spuren gebildet wurde. Zusätzlich wurden darin große Mengen an Di-*n*-butylether detektiert. Dies kann mit der Addition eines Butoxy-

radikals an 1-Buten, welches durch thermische Dehydration von 1-Butanol erzeugt wird, erklärt werden.[35a] In der Standardreaktion wurde außerdem keine
konkurrierende Hydroxylierung oder Acetoxylierung von 2-Phenylpyridin beobachtet, wodurch ein intermediäres Alkoxylradikal wesentlich wahrscheinlicher
als ein Acylradikal ist. Ferner sollte das Silber(I)salz an der Bildung eines solchen Alkoxyradikals maßgeblich beteiligt sein, da ohne Silber nur geringe Mengen an butoxyliertem Produkt **3ab** beobachtet wurde.[48] Eine weitere Testreaktion
unter Standardbedingungen und -mengen von ausschließlich Cu(OAc)$_2$, AgOTf,
1-Butanol und TEMPO führte zu der Bildung von 1,1-Dibutoxybutan in hohen
Ausbeuten, während dieses Produkt in der gleichen Reaktion ohne Silbertriflat
nur in Spuren detektiert werden konnte. Also wird 1,1-Dibutoxybutan mit TEM
PO lediglich in Anwesenheit des Silbersalzes durch die Ausbildung einer Silberalkoxidspezies in signifikanten Mengen dargestellt (Schema 23).

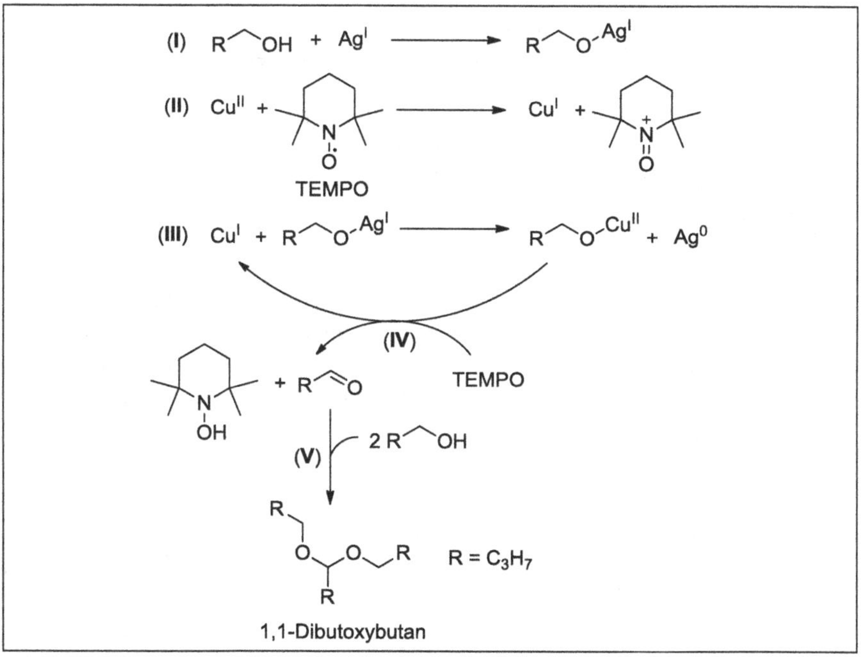

Schema 23:   Deutlicher Hinweis auf eine Silberalkoxidspezies.[36a]

48 T. Mitsudome, Y. Mikami, H. Funai, T. Mizugaki, K. Jitsukawa, K. Kaneda, *Angew. Chem.*
    2008, *120*, 144–147; *Angew. Chem. Int. Ed.* **2008**, *47*, 138 –141.

Die Bildung des 1,1-Dibutoxybutans erfolgt über einen von Stahl *et al.* etablierten Mechanismus.[36a] Im ersten Schritt wird die Silberalkoxidspezies durch Ag^I und den entsprechenden Alkohol gebildet (**I**). Dieses reagiert mit einem durch TEMPO reduzierte Cu^I-Spezies (**II**) zu einem Kupferalkoxidinter-mediat und elementaren Silber (**III**). Anschließend wird durch TEMPO unter Regeneration der Cu^I-Spezies ein Aldehyd gebildet (**IV**), der im letzten Schritt mit zwei Äquivalente Alkohol zum entsprechenden Acetal reagiert (**V**).

Diese Beobachtungen bekräftigen sehr, dass die zuvor postulierte Silberal-koxidspezies, die in der Lage ist ein solches Radikal zu erzeugen und anschlie-ßend zu übertragen, involviert ist. Die Bildung von metallischem Silber in allen dehydrierenden Alkoxylierungen ist ein weiteres Anzeichen eines solchen Reak-tionspfades. Jedoch konnten weitere Kontrollexperimente die Anwesenheit die-ser Spezies nicht eindeutig beweisen. Es wurden ESI-MS-Messungen der Reak-tionsmischung der Standardreaktion sowie der Mischungen von $AgClO_4$ oder AgOTf und NaOEt in wasserfreiem Ethanol, die bekannt dafür sind Silberal-koxide zu bilden, gemessen.[46] Allerdings konnten in allen drei Fällen keine Sig-nale gefunden werden, die auf eine solche Spezies hinweisen. Dieser Befund resultiert aus der bekannten Instabilität von Silberalkoxiden, die es nahezu un-möglich macht, ihre Anwesenheit eindeutig festzustellen.[46] Dennoch ist durch die gesamten Kontrollexperimente ein deutlicher Hinweis auf den Reaktionsver-lauf über eine intermediäre Silberalkoxidspezies in der entwickelten dehydrie-renden Alkoxylierungsreaktion gegeben.

Zur weiteren Erforschung des Reaktionsmechanimus wurde der kinetische Isotopeneffekt untersucht. Dafür wurde 2-Phenylpyridin und 2-Phenylpyridin-d_5 zusammen unter den optimierten Reaktionsbedingungen mit 1-Butanol umge-setzt (Schema 24). Dabei wurde ein hoher kinetischer Isotopeneffekt von 3.3 ermittelt. Dieser Wert wurde ebenfalls durch die Reaktion der Komponenten in getrennten Reaktionsgefäßen bestätigt.

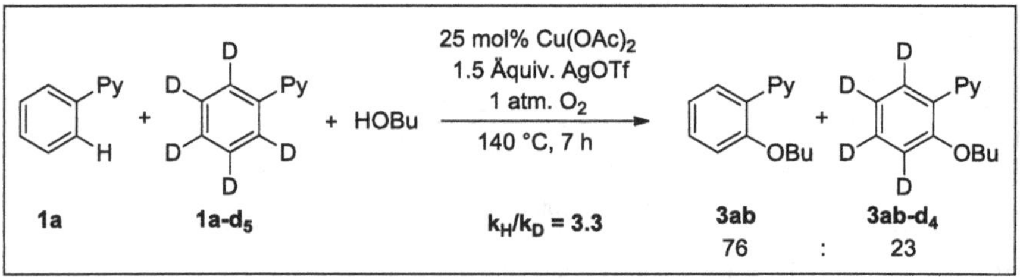

Schema 24:   Bestimmung des kinetischen Isotopeneffekts.

Aus dem kinetischen Isotopeneffekt von 3.3 lässt sich schließen, dass es sich bei der C–H-Aktivierung durch Cu^{II} um den geschwindigkeitsbestimmenden Schritt handelt. In einem weiteren Experiment wurde 2-Phenylpyridin mit Ethanol-d$_1$ umgesetzt. Dabei konnte nur die Bildung des Produktes **3ab** und keine weiteren einfach deuterierten Produkte, beziehungsweise einfach oder zweifach deuteriertes Startmaterial detektiert werden. Durch diesen Befund lässt sich feststellen, dass es sich bei der C–H-Aktivierung nicht nur um den geschwindigkeitsbestimmenden Schritt handelt, sondern dieser außerdem irreversibel ist. Andernfalls könnten die erwähnten deuterierten Nebenprodukte aufgrund der möglichen Rückreaktion beobachtet werden.

Da die Alkoxylierung über eine direkte C–H-Aktivierung abläuft, konnte der von Yu *et al.* gefundene Mechanismus durch die Übertragung eines Elektrons (SET Mechanismus)[43] sowie Prozesse durch den Angriff Kupfer-koordinierter Oxid- oder Peroxidspezies auf den aromatischen Ring[49] ausgeschlossen werden. Dieser würde zu einem wesentlich geringeren kinetischen Isotopeneffekt führen. Allerdings könnte der Mechanismus auch über einen protonenvermittelten Elektronentransfer (PCET: „proton coupled electron transfer"), der zu einem ähnlichen kinetischen Isotopeneffekt führen würde, ablaufen.[50] In weiteren Experimenten konnte eine mögliche intermediäre Hydroxy- oder Acetoxyarenspezies, die aus dem Angriff einer (Per-)Oxokupferspezies an das Aren resultieren würden, ausgeschlossen werden, da weder 2-(2-Hydroxyphenyl)pyridin (**7a**) noch 2-(2-Acetoxyphenyl)pyridin (**7b**) durch das entwickelten Katalysatorsystem zum Produkt **3ab** reagieren (Schema 25).

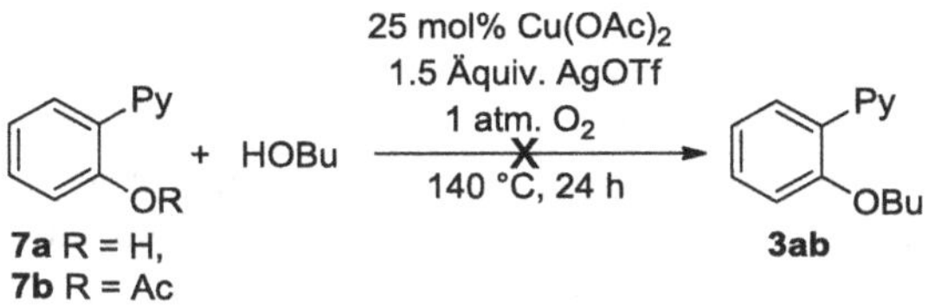

Schema 25:   Beweis gegen eine intermediäre **7a**- und **7b**-Spezies.

In Übereinstimmung mit all den gezeigten mechanistischen Untersuchungen wurde der postulierte Mechanismus der dehydrierenden Alkoxylierung von Arenen mit Alkoholen gefestigt und nun in einem allgemeinen katalytischen Zyklus dargestellt (Schema 26).

49 a) Q. Liu, P.Wu, Y. Yang, Z. Zeng, J. Liu, H. Yi, A. Lei, *Angew. Chem.* **2012**, *124*, 4744–4748; *Angew. Chem. Int. Ed.* **2012**, *51*, 4666–4670; b) D. Maiti, H. R. Lucas, A. A. Narducci Sarjeant, K. D. Karlin, *J. Am. Chem. Soc.* **2007**, *129*, 6998–6999; c) S. Hong, S. M. Huber, L. Gagliardi, C. C. Cramer, W. B. Tolman, *J. Am. Chem. Soc.* **2007**, *129*, 14190–14192.

50 X. Ribas, C. Calle, A. Poater, A. Casitas, L. Gómez, R. Xifra, T. Parella, J. Benet-Buchholz, A. Schweiger, G. Mitrikas, M. Sola, A. Llobet, T. D. P. Stack, *J. Am. Chem. Soc.* **2010**, *132*, 12299–12306.

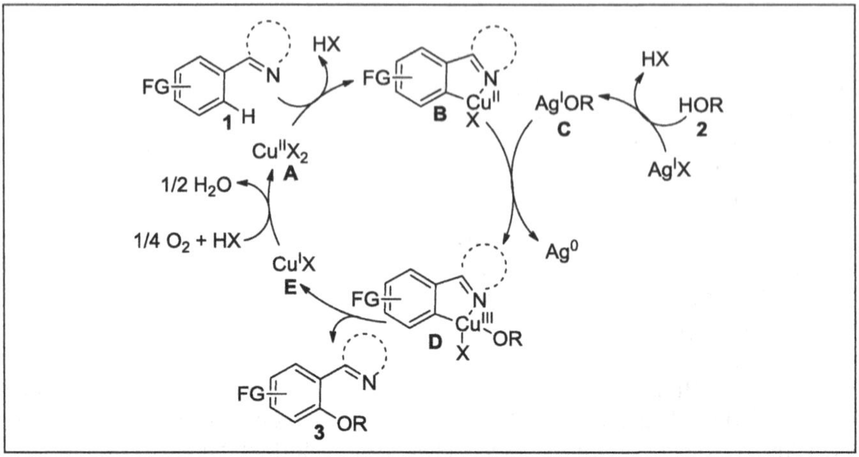

Schema 26:   Vorgeschlagener Mechanismus der dehydrierenden Alkoxylierung.

Als erstes wird im geschwindigkeitsbestimmenden und zudem irreversiblen Schritt die C–H-Bindung in *ortho*-Position der stickstoffhaltigen dirigierenden Gruppe des Arens **1** unterstützt durch deren koordinierenden Effekt aktiviert. Dies geschieht durch den Cu^{II}-Katalysator und führt zur Bildung des Intermediats **B**. Der Alkohol **2** wird nun durch das Silbersalz in die Alkoxidspezies **C** überführt. In einer Redoxreaktion wird anschließend das Alkoxidradikal zur Cu^{II}-Arenspezies **B** transferiert, wodurch das Cu^{III}-Intermediat **D** und metallisches Silber entsteht. Nach anschließender reduktiver Eliminierung entsteht das Produkt **3** sowie eine Cu^{I}-Spezies **E**, die in Gegenwart von molekularem Sauerstoff wieder zur ursprünglichen Cu^{II}-Spezies **A** reoxidiert wird.

4 Zusammenfassung und Ausblick

Im Rahmen dieser Diplomarbeit konnte eine neue dehydrierende Kupplungsreaktion von Arenen mit Alkoholen entwickelt werden. Ausgehend vom bewährten bimetallischen Kupfer/Silber-Katalysatorsystem von Gooßen *et al.* wurde dieses Reaktionskonzept zur Darstellung der wichtigen Substanzklasse der Arylether ohne die Verwendung teurer Edelmetallkatalysatoren verwirklicht. Durch den Einsatz eines optimierten Katalysatorsystems aus $Cu(OAc)_2$ und AgOTf konnte die regioselektive dehydrierende Alkoxylierung von Arenen mit freien Alkoholen ermöglicht werden (Schema 27). In diesem neuen Prozess wird formal lediglich ein Wasserstoffmolekül als Abfallprodukt der Kupplungsreaktion frei.

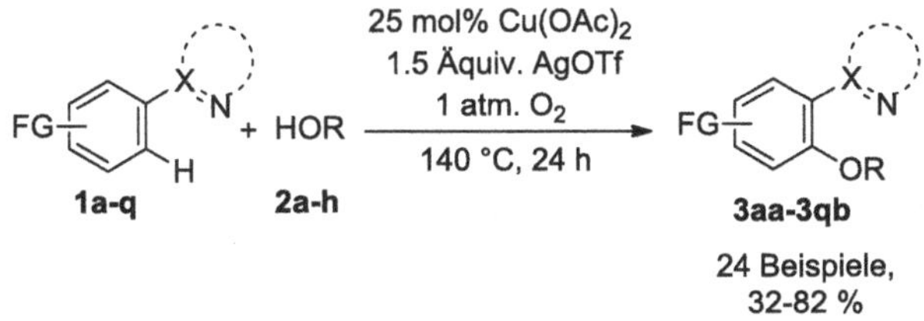

Schema 27: Kupferkatalysierte dehydrierende Kupplung von Arenen mit Alkoholen.

Die entwickelte Methode toleriert eine Vielzahl unterschiedlich funktionalisierter Substrate. Es konnten zahlreiche aromatische Verbindungen mit diversen Alkoholen umgesetzt werden. Neben einer Pyridylgruppe gelang es zusätzlich weitere stickstoffhaltige dirigierende Gruppen erfolgreich einzusetzen. Insgesamt wurde die Stärke des Reaktionskonzeptes anhand von 24 Beispielen in guten Ausbeuten demonstriert. Weiterhin konnten sogar benzylische C–H-Gruppen aktiviert und funktionalisiert werden.

Durch eine Reihe mechanistischer Studien konnte der zuvor postulierte Reaktionsmechanismus bestätigt und ein vertieftes Verständnis über den Ablauf der dehydrierenden Alkoxylierung gewonnen werden.

Aufbauend auf den Ergebnissen dieser Arbeit sollte die dehydrierende Alkoxylierung von sp^3-C–H-Gruppen in zukünftigen Studien weiter untersucht werden. Dadurch könnte ein neuer Zugang zu aliphatischen Ethern ermöglicht werden.

Die gewonnenen Erkenntnisse könnten außerdem helfen dieses Protokoll auf Carbonsäuren als spurlos entfernbare dirigierende Gruppe zu erweitern.

Trotz konkurrierender Nebenreaktionen ist die Entwicklung einer selektiven Methode zur Darstellung von Arylethern über eine dehydrierende Alkoxylierung mit gekoppelter Protodecarboxylierung besonders interessant.

Durch eine Variation des Kupplungspartners könnte die Prozessführung ebenfalls auf dehydrierende Kupplungen von C–C-, C–N-, C–S- und C–P-Bindungen übertragen werden.

5 Experimenteller Teil

5.1 Allgemeine Arbeitsmethoden

Beim Arbeiten unter Stickstoff- und Argon- als Schutzgas oder Sauerstoffatmosphäre als Oxidationsmittel wurden Standard-Schlenk-Techniken verwendet. Edukte, die als Feststoffe vorliegen, wurden an der Luft eingewogen und im Ölpumpenvakuum (<10^{-3} mbar) von Luft- oder Feuchtigkeitsspuren befreit.

Kommerziell erhältliche Chemikalien mit einer Reinheit von über 95 % wurden, wenn nicht anders erwähnt, direkt eingesetzt.

Die verwendeten Lösungsmittel wurden nach Standardverfahren getrocknet und über Molsieben unter Stickstoffatmosphäre gelagert.[51]

Die verwendeten Alkohole wurden mit einer Reinheit von über 99 % nach dem frischen Öffnen der Behältnisse über Molsieben und unter Stickstoffatmosphäre gelagert.

Molsiebe der Porengröße 3 Å wurden zum Trocknen in einem Mikrowellenofen (5 min, 700 W) erhitzt und heiß im Ölpumpenvakuum (< 10^{-3} mbar) von Feuchtigkeitsspuren befreit. Diese wurden nach dem Abkühlen auf Raumtemperatur direkt eingesetzt.

5.2 Analytische Methoden

5.2.1 Gaschromatographie

Zur gaschromatographischen Analyse wurde ein *Hewlett Packard 6890* Chromatograph verwendet. Die Trennung gelang mit einer HP-5-Säule mit 5 % Phenyl-Methyl-Siloxan (30 m × 320 μm × 0.25 μm) der Firma *Agilent*. Als Trägergas diente Stickstoff mit einer Flussrate von 44 mL·min^{-1}. Die Injektortemperatur betrug 220 °C. Zur Analyse der Proben wurde ein Temperaturprogramm mit einer Starttemperatur von 60 °C (2 min) und einem linearen Temperaturanstieg auf 300 °C (30 °C·min^{-1}) als Endtemperatur (3 min) verwendet.

---

51 D. D. Perrin, W. L. F. Armarego, D. R. Perrin, *Purification of Laboratory Chemicals*, 2. Aufl., Pergamon Press, Oxford, **1980**.

5.2.2   Dünnschichtchromatographie

Zur Durchführung der Dünnschichtchromatographie wurden Kieselgel 60 Dünn-
schichtplatten auf Alu- oder Kunststofffolie der Firmen *Macherey & Nagel* und
Merck verwendet. Zur Detektion der Substanzen wurden Fluoreszenzlöschungen
bei 254 nm genutzt.

5.2.3   Säulenchromatographie

Zur Isolierung der Produkte wurde das *Combi Flash Companion-Chromatographie-System* der Firma *Ico-Systems* und gepackte Kieselgelsäulen (12, 24
oder 40 g) der Firma *GRACE* oder der Firma *TELOS* verwendet (Abbildung 4).

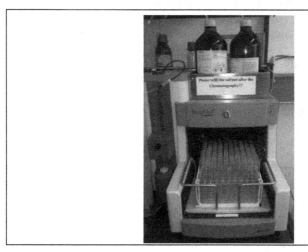

Abbildung 4:   Combi Flash Companion-Chromatographie-System.

Der Combi Flash Companion besteht aus zwei Hauptelementen, einer
Chromatographiesäule mit Probenaufgabeeinheit und einem Fraktionssammler
mit Diodenarray-Detektor für Wellenlängen von 200 bis 360 nm. Die Zusammensetzung der Eluenten kann während der Trennung über zwei Kolbenpumpen
variiert werden. Somit ist es möglich die Trennung in Echtzeit zu überwachen
und bei auftretenden Trennproblemen mit Hilfe der Software *PeakTrak* direkt
auf das Mischungsverhältnis der Eluenten einzuwirken und somit die Trennleis-
tung zu verbessern (Abbildung 5).

Dies ist ein wesentlicher Vorteil im Vergleich zur manuellen Säulenchromatographie. Durch eine bestimmte Signalintensität vermittelt die Software
das Signal, die Eluenten zu sammeln, wobei unterschiedliche Fraktionen auf dem

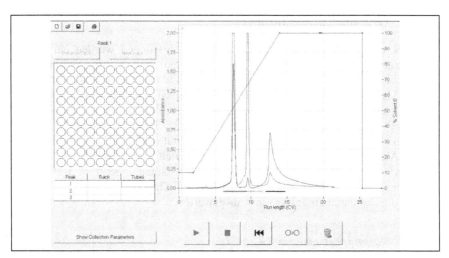

Abbildung 5:   PeakTrak Steuerungssoftware.

Display farblich unterschieden werden. Dabei werden die Fraktionen primär über die Steigung der Signalintensität ("Slope-based") oder sekundär beim Erreichen einer bestimmten Schwelle der Signalintensität gesammelt ("Threshold").

In der Regel werden die Proben vorbereitet, indem die konzentrierten Reaktionsmischungen mit Chloroform versetzt und auf wenige Gramm Kieselgel adsorbiert werden. Dieses wird nach dem Trocknen in eine Kieselgelvorsäule überführt und in die Probenaufgabeeinheit eingestellt. Nachdem die Säulenchromatographie beendet ist, werden die erhalten Fraktionen mittels Gas- oder Dünnschichtchromatographie analysiert und konzentriert.

5.2.4   Polarimetrie

Zur Messung des Drehwertes α wurde ein *Automatic Digital Polarimenter P3001RS* der Firma *Krüss* verwendet. Die Messungen erfolgten gegen Chloroform als Hintergrund, welches als Lösungsmittel verwendet wurde.

5.2.5   Infrarot-Spektroskopie

Zur Messung der Infrarotspektren wurde ein Fourier-Transform-Infrarotspektrometer (FT-IR) der Firma *Perkin Elmer,* mit einem *Universal ATR Accessory* (UATR) verwendet. Die Öle konnten durch das *ATR Accessory* direkt vermessen werden. Alle Messungen erfolgten gegen Luft als Hintergrund in einem Bereich von 4000 bis 400 cm^{-1}.

5.2.6   Kernresonanzspektroskopie

^{1}H-NMR und breitband-entkoppelte ^{13}C-NMR Messungen wurden bei Raumtemperatur an dem *FT-NMR DPX 400* der Firma *Bruker* aufgenommen. Die
chemischen Verschiebungen der Signale sind in Einheiten der δ-Skala angegeben
[ppm]. Als interner Standard dienten die Resonanzsignale der Restprotonen des
verwendeten deuterierten Lösungsmittels, bei ^{1}H-Spektren (Chloroform:
7.26 ppm) beziehungsweise die entsprechenden Resonanzsignale bei ^{13}C-
Spektren (Chloroform: 77.0 ppm). Die Multiplizität der Signale wird durch fol-
gende Abkürzungen wiedergegeben: s = Singulett, d = Dublett, t = Triplett,
q = Quartett, m = Multiplett. Die Kopplungskonstanten *J* sind in Hertz [Hz]
angegeben. Mit dem *ACD-Labs 12.0* (Advanced Chemistry Development Inc.)
wurden die Rohdaten eingelesen und ausgewertet.

5.2.7   Massenspektrometrie (GC-MS)

Die Massenspektren wurden mit einem *GC-MS Saturn 2000* der Firma *Varian*
durchgeführt. Die angegebenen Intensitäten beziehen sich auf das Verhältnis
zum intensivsten Peak. Für Fragmente mit einer Isotopenverteilung ist jeweils
nur der intensivste Peak eines Isotopomers aufgeführt.

5.2.8   Elementaranalyse

Die Elementaranalysen (C,H,N-Analyse) wurden in der Analytikabteilung im
Fachbereich Chemie mit einem *Elemental Analyzer vario Micro cube* durchgeführt.

5.2.9   Hochauflösende Massenspektrometrie (HRMS)

Die hochauflösenden Massenspektren wurden in der Analytikabteilung im Fachbereich Chemie mit einem *GCT Premier* der Firma *Waters* gemessen.

5.3 Durchführung der Reihenversuche

Alle Reaktionen der Reihenversuche wurden in 20 mL Headspace-Vials für die
Gaschromatographie durchgeführt. Diese waren mit Aluminium-Bördelkappen
mit teflonbeschichteten Butylgummi-Septen verschlossen (beides erhältlich zum
Beispiel bei der Firma *VWR*). Diese Bördelkappen waren zur Sicherheit mit
Perforationen versehen, die bei einem Überdruck von mehr als 0.5 bar ausreißen

und dadurch das Platzen der Gefäße verhindern. Die Reaktionsgefäße wurden zur Temperierung in 8 cm hohe zylindrische Aluminiumblöcke, die mit 7 cm tiefen Bohrungen und einer weiteren Bohrung zur Aufnahme eines Temperaturfühlers versehen waren, versenkt. Die Aluminiumblöcke entsprachen genau dem Durchmesser der Heizplatten von Labor-Magnetrührern (zum Beispiel: *Heidolph Mr 2002*) und hatten Platz für zehn Reaktionsgefäße. Speziell angefertigte Vakuumverteiler wurden zum gleichzeitigen Evakuieren und Rückfüllen der Reaktionsgefäße für den Anschluss an die Schlenk-Linie benutzt. Dazu wurden zehn vakuumfeste 3 mm breite Teflonschläuche an ein mit Bohrungen versehenes Stahlrohr angebracht, die jeweils mit Adaptern zur Aufnahme von Luer-Lock-Spritzennadeln verbunden waren. Die Vakuumverteiler konnten über einen Anschluss am Stahlrohr mit der Schlenk-Linie verbunden werden (Abbildung 6).

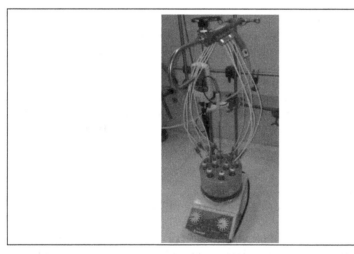

Abbildung 6:   Heizblock mit Magnetrührer und Vakuumverteiler.

Zur Durchführung der Katalyse-Reihenversuche wurden die festen Reaktanden sowie das Aren an der Luft in die Reaktionsgefäße eingewogen, 20 mm teflonbeschichtete Magnetrührkerne hinzugegeben und die Gefäße durch eine Bördelzange mit Aluminium-Bördelkappen luftdicht verschlossen. Danach wurden die Gefäße in den Bohrungen des Aluminium-Blocks versenkt und über Kanülen, die durch die Septumkappen gestochen wurden, mit der Vakuumlinie verbunden. Zur Erzeugung einer Sauerstoffatmosphäre wurden alle Reaktionsgefäße gleichzeitig dreimal hintereinander evakuiert und mit Sauerstoff rückbefüllt. Mit Hilfe von Spritzen wurden flüssige Reagenzien und Lösungsmittel durch die Septen eingespritzt. Anschließend wurden alle Reaktionsgefäße von der Vakuumlinie getrennt und der Aluminiumblock auf Reaktionstemperatur erhitzt, wobei sich alle angegebenen Temperaturen auf die Temperaturen des Heizblocks beziehen, welche erfahrungsgemäß ±2 °C von den Temperaturen in den Reaktionsgefäßen abweichen. Die Reaktionsgefäße wurden nun bei der entsprechenden Temperatur mit circa 600 Umdrehungen pro Minute gerührt. Nach dem Ablauf der Reaktionszeit und dem Abkühlen der Gefäße wurde n-Tetradecan als interner Standard injiziert, worauf die Reaktionsgefäße geschüttelt und geöffnet wurden. 0.25 mL der Reaktionsmischungen wurden mit Einwegpipetten in 10 mL Rollrandgefäße überführt, in die vorher 2 mL Ethylacetat und 2 mL destilliertes Wasser gegeben wurde. Die Phasen wurden mit der Einwegpipette gut durchmischt und eine Phasentrennung abgewartet. Jeweils die organische Phase wurde über 0.30 mL wasserfreiem Magnesiumsulfat in ein 2 mL GC-Probenglas filtriert. Dabei wurden Einwegpipetten als Filter verwendet, die mit einem Wattepfropfen versehen waren.

Die Umsätze und Selektivitäten der Reaktionen wurden mittels GC-Analyse relativ zum internen Standard ermittelt. Der Responsefaktor in Bezug auf n-Tetradecan wurde experimentell durch eine bekannte Menge des Produktes bestimmt.

Durch die entwickelten Versuchsapparaturen war es möglich, mehrere Reihenversuche gleichzeitig durchzuführen und somit viel Zeit im Vergleich zur Verwendung von Standardtechniken zu sparen. Durch diese Parallelisierungstechniken und durch die Verwendung eines elektronischen Laborjournals gelang es die benötigte Zahl an neuen Katalysereaktionen innerhalb einer kurzen Zeit durchzuführen und auszuwerten.

5.4 Darstellung der Aren-Ausgangsverbindungen

Die Arenverbindungen, 2-Phenylpyridin (**1a**), 2-(p-Tolyl)pyridin (**1b**), 2-(2,4-Difluorphenyl)pyridin (**1k**), Benzo[h]chinolin (**1n**), 1-Phenyl-1H-pyrazol (**1q**) und 2-Benzylpyridin (**1r**) waren kommerziell verfügbar und wurden direkt eingesetzt. Die übrigen Arenverbindungen wurden wie folgt hergestellt.

Verfahren A[52]: Unter einer Argonatmosphäre wurde ein 50 mL Reaktionsgefäß mit 2-Brompyridine (4.95 mmol, 790 mg, 1 Äquiv.), der Arylboronsäure (5.45 mmol, 1.1 Äquiv.), Pd$_2$(dba)$_3$ (0.025 mmol, 23 mg), KF (15.0 mmol, 870 mg, 3 Äquiv.) und THF (10 mL) beladen. Anschließend wurde Tri-tert-butylphosphin in THF (0.2 M, 0.052 mmol) zugegeben und die Reaktionsmischung bei 25 °C für 24 Stunden gerührt. Danach wurde die Suspension mit Ethylacetat (20 mL) verdünnt, gefiltert und mit Ethylacetat (20 mL) nachgewaschen. Nach dem Entfernen der Lösungsmittel wurde der Rückstand mittels

52 A. F. Littke, C. Dai, G. C. Fu, *J. Am. Chem. Soc.* **2000**, *122*, 4020–4028.

Säulenchromatographie (SiO$_2$, Hexan/Ethylacetat 10:1) aufgereinigt, wodurch der entsprechende Aren erhalten wurde.

Verfahren B[53]: Unter einer Argonatmosphäre wurde ein 50 mL Reaktionsgefäß mit 2-Brompyridin (1 mmol, 160 mg, 1 Äquiv.), der Arylboronsäure (1.3 mmol, 1.3 Äquiv.), Pd(PPh$_3$)$_4$ (0.05 mmol, 58.4 mg) und wässriger Na$_2$CO$_3$-Lösung (2 M, 3 mmol, 3 Äquiv.) beladen. Dazu wurde Dimethoxyethan (10 mL) gegeben und die Reaktionsmischung für 24 Stunden unter Rückfluss gerührt. Nach dem Abkühlen wurde Dichlormethan (15 mL) und Wasser (5 mL) dazugeben. Die organische Phase wurde abgetrennt, mit Wasser gewaschen (3 × 5 mL), über MgSO$_4$ getrocknet, gefiltert und anschließend das Lösungsmittel entfernt. Der Rückstand wurde mittels Säulenchromatographie (SiO$_2$, Hexan/Ethylacetat 10:1) aufgereinigt, wodurch das entsprechende Aren erhalten wurde.

Verfahren C[54]: Ein 50 mL Reaktionsgefäß wurde mit 2-Chlorpyrimidin (10.0 mmol, 1 Äquiv.), der Arylboronsäure (12 mmol, 1.2 Äquiv.), PdCl$_2$(PPh$_3$)$_2$ (0.05 mmol, 35.1 mg) und wässriger Na$_2$CO$_3$-Lösung (2 M, 10 mL) beladen. Dazu wurde Dioxan (50 mL) gegeben und die Reaktionsmischung bei 90 °C gerührt, bis das Startmaterial, 2-Chloropyrimidin vollständig abreagiert war (DC-Kontrolle). Anschließend wurde die Reaktionsmischung stark eingeengt, mit Ethylacetat (60 mL) verdünnt und mit Wasser (60 mL) sowie gesättigter Natriumchloridlösung (60 mL) gewaschen. Die organische Phase wurde über MgSO$_4$ getrocknet, gefiltert und anschließend das Lösungsmittel entfernt. Der Rückstand wurde mittels Säulenchromatographie (SiO$_2$, Hexan/Ethylacetat 10:1) aufgereinigt, wodurch der entsprechende Aren erhalten wurde.

5.4.1   Darstellung von 2-(4-Methoxyphenyl)pyridin (1c)

[CAS: 5957-90-4]

Verbindung **1c** wurde nach dem Verfahren **A** dargestellt, wobei 2-Brompyridin (790 mg, 4.95 mmol) und (4-Methoxyphenyl)boronsäure (828 mg, 5.45 mmol) verwendet wurden. Nach der Säulenchromatographie wurde **1c** als gelbes Öl (723 mg, 79 %) isoliert.

53   G. M. Chapman, S. P. Stanforth, B. Tarbit, M. D. Watson, *J. Chem. Soc., Perkin Trans. 1* **2002**, *0*, 581–582.
54   X. Zheng, B. Song, B. Xu, *Eur. J. Org. Chem.* **2010**, 4376–4380.

¹H-NMR   (400 MHz, CDCl₃): δ = 8.66 (d, J = 8.0 Hz, 1 H), 7.95 - 7.97
              (m, 2 H), 7.66 - 7.72 (m, 2 H), 7.15 - 7.19 (m, 1 H), 7.00 - 7.02
              (m, 2 H), 3.87 (s, 3 H) ppm.

¹³C-NMR   (101 MHz, CDCl₃): δ = 160.0, 156.8, 149.2, 136.3, 131.7,
              127.8 (2C), 121.0, 119.5, 113.8 (2C), 55.0 ppm.

5.4.2   Darstellung von 2-(4-Chlorphenyl)pyridin (1d)

[CAS: 5969-83-5]

Verbindung **1d** wurde nach dem Verfahren **A** dargestellt, wobei 2-Brompyridin
(790 mg, 4.95 mmol) und (4-Chlorphenyl)boronsäure (878 mg, 5.45 mmol)
verwendet wurden. Nach der Säulenchromatographie wurde **1d** als gelber Feststoff (723 mg, 79 %) isoliert.

¹H-NMR   (400 MHz, CDCl₃): δ = 8.69 (d, J = 4.4 Hz, 1 H), 7.94 - 7.96
              (m, 2 H), 7.71 - 7.76 (m, 2 H), 7.44 - 7.46 (m, 2 H), 7.23 - 7.25
              (m, 1 H) ppm.

¹³C-NMR   (101 MHz, CDCl₃): δ = 156.5, 150.0, 138.1, 137.1, 135.4,
              129.2 (2C), 128.5 (2C), 122.6, 120.6 ppm.

5.4.3   Darstellung von 2-(4-Bromphenyl)pyridin (1e)

[CAS: 63996-36-1]

Verbindung **1e** wurde nach dem Verfahren **B** dargestellt, wobei 2-Brompyridin
(160 mg, 1 mmol) und (4-Bromphenyl)boronsäure (260 mg, 1.3 mmol) verwendet wurden. Nach der Säulenchromatographie wurde **1e** als farbloser Feststoff
(135 mg, 58 %) isoliert.

¹H-NMR   (400 MHz, CDCl₃): δ = 8.69 (d, J = 4.8 Hz, 1 H), 7.87 - 7.89 (m, 2 H), 7.71 - 7.76 (m, 2 H), 7.61 (d, J = 8.5 Hz, 2 H), 7.25 - 7.27 (m, 1 H) ppm.

¹³C-NMR   (101 MHz, CDCl₃): δ = 155.9, 149.4, 137.9, 136.5, 131.5 (2C), 128.1 (2C), 123.1, 122.1, 119.9 ppm.

5.4.4   Darstellung von Phenyl(4-(pyridin-2-yl)phenyl)methanon (1f)

[CAS: 1107640-93-6]

Verbindung **1f** wurde nach dem Verfahren **B** dargestellt, wobei 2-Brompyridin (160 mg, 1 mmol) und (4-Benzoylphenyl)boronsäure (298 mg, 1.3 mmol) verwendet wurden. Nach der Säulenchromatographie wurde **1f** als farbloser Feststoff (240 mg, 92 %) isoliert.

¹H-NMR   (400 MHz, CDCl₃): δ = 8.75 - 8.76 (m, 1 H), 8.12 - 8.14 (m, 2 H), 7.86 - 7.94 (m, 2 H), 7.82 - 7.86 (m, 4 H), 7.51 - 7.53 (m, 1 H), 7.49 - 7.53 (m, 2 H), 7.27 - 7.33 (m, 1 H) ppm.

¹³C-NMR   (101 MHz, CDCl₃): δ = 196.7, 156.5, 150.3, 143.4, 137.9, 137.2, 132.8, 130.9 (2C), 130.4 (2C), 128.6, 127.1 (2C), 123.2, 121.3 (2C) ppm.

C,H,N-Analyse (C₁₈H₁₃NO):   berechnet: C = 83.38 %,   H = 5.05 %, N = 5.40 %; gefunden: C = 83.08 %,   H = 5.19 %, N = 5.12 %.

5.4.5   Darstellung von 2-(Naphthalen-2-yl)pyridin (1g)

[CAS: 66318-88-5]

Verbindung **1g** wurde nach dem Verfahren **B** dargestellt, wobei 2-Brompyridin (160 mg, 1 mmol) und (Naphthalen-2-yl)boronsäure (224 mg, 1.3 mmol) verwendet wurden. Nach der Säulenchromatographie wurde **1g** als farbloser Feststoff (176 mg, 86 %) isoliert.

¹H-NMR   (400 MHz, CDCl₃): δ = 8.76 - 8.78 (m, 1 H), 8.51 (d, J = 2.0 Hz, 1 H), 7.98 - 8.15 (m, 1 H), 7.91- 7.98 (m, 2 H), 7.88 - 7.90 (m, 2 H), 7.78 - 7.80 (m, 1 H), 7.52 - 7.54 (m, 2 H), 7.27 - 7.28 (m, 1 H) ppm.

¹³C-NMR   (101 MHz, CDCl₃): δ = 157.6, 150.0, 137.1, 136.9, 133.9, 133.8, 129.0, 128.7, 127.9, 126.8, 126.6, 126.6, 124.8, 122.4, 121.0 ppm.

5.4.6   Darstellung von 2-(m-Tolyl)pyridin (1h)

[CAS: 1176802-39-3]

Verbindung **1h** wurde nach dem Verfahren **A** dargestellt, wobei 2-Brompyridin (790 mg, 4.95 mmol) und *m*-Tolylboronsäure (224 mg, 1.3 mmol) verwendet wurden. Nach der Säulenchromatographie wurde **1h** als gelbes Öl (630 mg, 75 %) isoliert.

¹H-NMR   (400 MHz, CDCl₃): δ = 8.70 - 8.71 (m, 1 H), 7.86 (s, 1 H), 7.73 - 7.78 (m, 3 H), 7.38 (t, J = 7.5 Hz, 1 H), 7.21 - 7.26 (m, 2 H), 2.45 (s, 3 H) ppm.

¹³C-NMR   (101 MHz, CDCl₃): δ = 157.9, 149.9, 139.6, 138.7, 137.0, 130.0, 128.9, 127.6, 124.0, 122.0, 120.9, 21.8 ppm.

5.4.7   Darstellung von 2-([1,1'-Biphenyl]-3-yl)pyridin (1i)

[CAS: 458541-39-4]

Verbindung **1i** wurde nach dem Verfahren **A** dargestellt, wobei 2-Brompyridin (790 mg, 4.95 mmol) und ([1,1'-Biphenyl]-3-yl)boronsäure (1079 mg, 5.45 mmol) verwendet wurden. Nach der Säulenchromatographie wurde **1i** als gelbes Öl (966 mg, 85 %) isoliert.

¹H-NMR   (400 MHz, CDCl₃): δ = 8.73 - 8.75 (m, 1 H), 8.25 (t, J = 1.5 Hz, 1 H), 7.96 - 7.99 (m, 1 H), 7.71 - 7.80 (m, 2 H), 7.69 - 7.71 (m, 3 H), 7.59 (t, J = 7.8 Hz, 1 H), 7.46 - 7.49 (m, 2 H), 7.38 - 7.48 (m, 1 H), 7.26 - 7.28 (m, 1 H) ppm.

¹³C-NMR   (101 MHz, CDCl₃): δ = 157.7, 150.0, 142.1, 141.4, 140.2, 137.1, 129.5, 129.0 (2C), 128.0, 127.7 (2C), 127.6 (2C), 126.1, 122.5, 121.0 ppm.

5.4.8   Darstellung von 2-(3-(Trifluormethyl)phenyl)pyridin (1j)

[CAS: 5957-84-6]

Verbindung **1j** wurde nach dem Verfahren **B** dargestellt, wobei 2-Brompyridin (160 mg, 1 mmol) und (3-(Trifluormethyl)phenyl)boronsäure (247 mg, 1.3 mmol) verwendet wurden. Nach der Säulenchromatographie wurde **1j** als farbloses Öl (163 mg, 73 %) isoliert.

¹H-NMR   (400 MHz, CDCl₃): δ = 8.73 (d, J = 4.5 Hz, 1 H), 8.30 (s, 1 H), 8.18 - 8.20 (m, 1 H), 7.77 - 7.81 (m, 2 H), 7.67 (d, J = 7.8 Hz, 1 H), 7.60 (t, J = 7.6 Hz, 1 H), 7.27 - 7.31 (m, 1 H) ppm.

¹³C-NMR   (101 MHz, CDCl₃): δ = 155.5, 149.5, 139.8, 136.7, 131.0, 130.7, 129.7, 128.9, 125.2 (q, J = 3.6 Hz), 123.4 (q, J = 3.6 Hz), 122.5, 120.3.

5.4.9   Darstellung von 2-(Thiophen-2-yl)pyridin (1l)

[CAS: 3319-99-1]

Verbindung 11 wurde nach dem Verfahren A dargestellt, wobei 2-Brompyridin (790 mg, 4.95 mmol) und (Thiophen-2-yl)boronsäure (718 mg, 5.45 mmol) verwendet wurden. Nach der Säulenchromatographie wurde 11 als brauner Feststoff (610 mg, 76 %) isoliert.

¹H-NMR   (400 MHz, CDCl₃): δ = 8.58 (d, J = 5.0 Hz, 1 H), 7.60 -7.69 (m, 2 H), 7.58 - 7.60 (m, 1 H), 7.40 - 7.41 (m, 1 H), 7.12 - 7.13 (m, 2 H) ppm.

¹³C-NMR   (101 MHz, CDCl₃): δ = 152.9, 149.9, 145.1, 136.9, 128.3, 127.8, 124.8, 122.2, 119.1 ppm.

5.4.10   Darstellung von 4-Methyl-2-phenylpyridin (1m) [55]

[CAS: 3475-21-6]

Unter einer Stickstoffatmosphäre wurden zu einer Lösung von 2-Brom-4-methyl-pyridin (1000 mg, 5.8 mmol) in Toluol (15 mL) Lithiumchlorid (740 mg, 17.6 mmol) und Pd(PPh₃)₄ (2 mol%, 134 mg, 0.116 mmol) gegeben. Anschließend wurde eine wässrige Na₂CO₃-Lösung (2 M, 11.6 mmol) zugefügt und für 10 Minuten bei Raumtemperatur gerührt. Eine Lösung von Phenylboronsäure (1417 mg, 11.6 mmol) in Ethanol (6 mL) wurde langsam hinzugegeben und daraufhin wurde die Reaktionsmischung für 10 Stunden unter Rückfluss gerührt. Nach dem Abkühlen wurden die organische Phase abgetrennt und die wässrige Phase mit Toluol (2 × 5 mL) extrahiert. Die vereinigten organischen Phasen wurden nun mit NaOH (1 N, 5 mL) gewaschen und anschließend mit HCl (1 N, 2 × 10 mL) extrahiert. Die vereinigten sauren Phasen wurden mit Toluol (5 mL) gewaschen und dann mit wässriger NaOH-Lösung auf pH = 11 gebracht. Das Produkt wurde nun mit Dichlormethan (3 × 10 mL) extrahiert, über MgSO₄ getrocknet, gefiltert und anschließend das Lösungsmittel entfernt, wodurch 1m als gelbes Öl (735 mg, 75.3 %) isoliert wurde.

55 F. Gellibert, A.-C. de Gouville, J. Woolven, N. Mathews, V.-L. Nguyen, C. Bertho-Ruault, A. Patikis, E. T. Grygielko, N. J. Laping, S.Huet, *J. Med. Chem.* **2006**, *49*, 2210–2221.

¹H-NMR (400 MHz, CDCl₃): δ = 8.54 (s, 1 H), 7.97 - 7.99 (m, 2 H), 7.64 (d, J = 8.0 Hz, 1 H), 7.56 - 7.59 (m, 1 H), 7.46 - 7.49 (m, 2 H), 7.38 - 7.42 (m, 1 H), 2.38 (s, 3 H) ppm.

¹³C-NMR (101 MHz, CDCl₃): δ = 154.8, 150.0, 139.4, 137.2, 131.5, 128.6 (2C), 128.5, 126.6 (2C), 120.0, 18.1 ppm.

5.4.11   Darstellung von 2-Phenylpyrimidin (1o)

[CAS: 7431-45-0].

Verbindung **1o** wurde nach dem Verfahren **C** dargestellt, wobei 2-Chlor-pyrimidin (1169 mg, 10.0 mmol) und Phenylboronsäure (1463 mg, 12.0 mmol) verwendet wurden. Nach der Säulenchromatographie wurde **1o** als farbloser Feststoff (1400 mg, 90 %) isoliert.

¹H-NMR (400 MHz, CDCl₃): δ = 8.76 (d, J = 4.9 Hz, 2 H), 8.46 - 8.48 (m, 2 H), 7.48 - 7.51 (m, 3 H), 7.10 - 7.12 (m, 1 H) ppm.

¹³C-NMR (101 MHz, CDCl₃): δ = 164.5, 157.0 (2C), 137.4, 130.6, 128.4 (2C), 128.1, 128.0, 118.9 ppm.

5.4.12   Darstellung von 2-(Naphthalen-2-yl)pyrimidin (1p)

[CAS: 1224437-55-1]

Verbindung **1p** wurde nach dem Verfahren **C** dargestellt, wobei 2-Chlor-pyrimidin (1169 mg, 10.0 mmol) und (Naphthalen-2-yl)boronsäure (2064 mg, 12.0 mmol) verwendet wurden. Nach der Säulenchromatographie wurde **1p** als farbloser Feststoff (1800 mg, 87 %) isoliert.

^{1}H-NMR	(400 MHz, CDCl$_3$): $\delta = 9.02$ (s, 1 H), 8.83 - 8.86 (m, 2 H), 8.57 (d, J = 8.6 Hz, 1 H), 7.96 - 8.01 (m, 2 H), 7.88 - 7.90 (m, 1 H), 7.52 - 7.55 (m, 2 H), 7.18 - 7.19 (m, 1 H) ppm.
^{13}C-NMR	(101 MHz, CDCl$_3$): $\delta = 164.7$, 157.2 (2C), 134.9, 134.7, 133.3, 129.2, 128.5, 128.2, 127.7, 127.1, 126.2, 124.9, 119.0 ppm.

*5.4.13   Darstellung von 2-(Phenyl-d$_5$)pyridin (**1a**-d$_5$)*

[CAS: 105664-48-0]

Verbindung **1a**-*d$_5$* wurde nach dem Verfahren **A** dargestellt, wobei 2-Brom-pyridin (580 mg, 3.64 mmol) und (Phenyl-*d$_5$*)boronsäure (508 mg, 4 mmol) verwendet wurden. Nach der Säulenchromatographie wurde **1a**-*d$_5$* als farbloses Öl (410 mg, 70 %) isoliert.

^{1}H-NMR	(400 MHz, CDCl$_3$): $\delta = 8.71$ (d, J = 4.8 Hz, 1 H), 7.73 - 7.78 (m, 2 H), 7.23 - 7.25 (m, 1 H) ppm.
^{13}C-NMR	(101 MHz, CDCl$_3$): $\delta = 157.1$, 149.3 (2C), 138.9, 136.4, 127.8 (t, J = 24.5 Hz, 2 C), 126.1 (t, J = 24.5 Hz, 2 C), 121.7, 120.2 ppm.

5.5 Darstellung der Aryletherverbindungen

Generelle Vorgehensweise:

Ein 70 mL Reaktionsgefäß wurde mit dem Aren (**1a–r**; 1.00 mmol), Kup-fer(II)acetat (46 mg, 0.25 mmol) und Silbertriflat (389 mg, 1.5 mmol) beladen. Anschließend wurde die Atmosphäre durch dreimaliges Evakuieren und Rückbe-füllen mit Sauerstoff ausgetauscht. Daraufhin wurde der wasserfreie Alkohol (**2a–h**, 3 mL) dazugegeben und die Reaktionsmischung für 24 Stunden bei 140 °C gerührt. Nach dem Abkühlen wurde die Mischung mit Ethylacetat (20 mL) verdünnt und mit Wasser (10 mL) gewaschen. Die wässrige Phase wurde mit Ethylacetat (3 × 20 mL) extrahiert, worauf die vereinigten organischen Phasen mit Wasser (10 mL) und gesättigter Natriumchloridlösung (10 mL) gewaschen, über MgSO$_4$ getrocknet, gefiltert und anschließend das Lösungsmittel entfernt wurde. Der Rückstand wurde mittels Säulenchromatographie auf Kieselgel aufgereinigt, wodurch der entsprechende Aryl/Alkyl-Ether (3aa…3rb) getrennt von dem restlichen unreagierten Aren (1a–r) erhalten wurde.

5.5.1   *Darstellung von 2-(2-Ethoxyphenyl)pyridin (3aa)*

[CAS: 358741-44-3]

Verbindung 3aa wurde nach der generellen Vorgehensweise dargestellt, wobei 2-Phenylpyridin (155 mg, 1.00 mmol) als Aren und Ethanol als Lösungsmittel verwendet wurden. Nach der Säulenchromatographie (SiO$_2$, Hexan/Ethylacetat 8:1) wurde 3aa als oranges Öl (129 mg, 65 %) isoliert.

IR	(ATR): $\tilde{v}$ = 3053, 2978, 1584, 1453, 1424, 1227, 1125, 1040, 923, 746 cm^{-1}.
^{1}H-NMR	(400 MHz, CDCl$_3$): δ = 8.70 - 8.72 (m, 1 H), 7.90 - 7.92 (m, 1 H), 7.83 - 7.85 (m, 1 H), 7.68 - 7.69 (m, 1 H), 7.33 - 7.37 (m, 1 H), 7.17 - 7.21 (m, 1 H), 7.08 - 7.10 (m, 1 H), 6.99 (d, J = 8.3 Hz, 1 H), 4.09 (q, J = 7.0 Hz, 2 H), 1.39 (t, J = 7.0 Hz, 3 H) ppm.
^{13}C-NMR	(101 MHz, CDCl$_3$): δ = 156.2, 156.0, 149.3, 135.3, 131.1, 129.8, 129.1, 125.1, 121.5, 120.9, 112.5, 64.0, 14.7 ppm.
MS	(70 eV): m/z (%) = 200 (65), 199 (24) [M$^+$], 184 (100), 170 (16), 154 (29), 141 (10), 115 (16).

C,H,N-Analyse (C$_{13}$H$_{13}$NO):   berechnet: C = 78.36 %,   H = 6.58 %, N = 7.03 %;

gefunden: C = 78.10 %,   H = 6.80 %, N = 6.94 %.

GC/HRMS EI-TOF (C$_{13}$H$_{13}$NO): berechnet 199.0997; gefunden: 199.0994.

5.5.2   Darstellung von 2-(2-Butoxyphenyl)pyridin (3ab)

Verbindung **3ab** wurde nach der generellen Vorgehensweise dargestellt, wobei 2-Phenylpyridin (155 mg, 1.00 mmol) als Aren und 1-Butanol als Lösungsmittel verwendet wurden. Nach der Säulenchromatographie (SiO$_2$, Hexan + 0.1 % Triethylamin/Ethylacetat 20:1) wurde **3ab** als leicht gelbes Öl (177 mg, 78 %) isoliert.

IR   (ATR): $\tilde{v}$ = 2975, 1584, 1453, 1424, 1239, 746 cm^{-1}.

^{1}H-NMR   (400 MHz, CDCl$_3$): δ = 8.70 - 8.71 (m, 1 H), 7.88 - 7.91 (m, 1 H), 7.83 - 7.85 (m, 1 H), 7.68 - 7.83 (m, 1 H), 7.33 - 7.37 (m, 1 H), 7.10 - 7.35 (m, 1 H), 7.17 - 7.20 (m, 1 H), 6.99 (d, J = 8.2 Hz, 1 H), 4.01 (t, J = 6.4 Hz, 2 H), 1.71 - 1.78 (m, 2 H), 1.40 - 1.49 (m, 2 H), 0.94 (t, J = 7.4 Hz, 3 H) ppm.

^{13}C-NMR   (101 MHz, CDCl$_3$): δ = 156.4, 156.0, 149.2, 135.2, 131.0, 129.9, 129.2, 125.2, 121.4, 120.8, 112.3, 68.1, 31.2, 19.2, 13.7 ppm.

MS   (70 eV): m/z (%) = 227 (6) [M$^+$], 198 (27), 184 (100), 170 (22), 155 (12), 141 (8), 115 (13).

C,H,N-Analyse (C$_{15}$H$_{17}$NO):   berechnet: C = 79.26 %,   H = 7.54 %, N = 6.16 %; gefunden: C = 79.30 %,   H = 7.46 %, N = 6.14 %.

GC/HRMS EI-TOF (C$_{15}$H$_{17}$NO): berechnet 227.1310; gefunden: 227.1316.

5.5.3   Darstellung von 2-(2-Isopropoxyphenyl)pyridin (3ac)

[CAS: 358741-45-4]

Verbindung **3ac** wurde nach der generellen Vorgehensweise dargestellt, wobei 2-Phenylpyridin (155 mg, 1.00 mmol) als Aren und Isopropanol als Lösungsmittel verwendet wurden. Nach der Säulenchromatographie (SiO$_2$, Hexan/Ethylacetat 10:1) wurde **3ac** als oranges Öl (113 mg, 53 %) isoliert.

IR   (ATR): $\tilde{v}$ = 3061, 2975, 2929, 1583, 1453, 1257, 1126, 950, 744 cm^{-1}.

^{1}H-NMR   (400 MHz, CDCl$_3$): δ = 8.69 - 8.71 (m, 1 H), 7.90 - 7.92 (m, 1 H), 7.81 - 7.84 (m, 1 H), 7.68 - 7.69 (m, 1 H), 7.32 - 7.36 (m, 1 H), 7.18 - 7.21 (m, 1 H), 7.02 - 7.08 (m, 1 H), 7.01 (d, J = 8.3 Hz, 1 H), 4.49 - 4.58 (m, 1 H), 1.30 (d, J = 6.0 Hz, 6 H) ppm.

^{13}C-NMR   (101 MHz, CDCl$_3$): δ = 156.2, 155.2, 149.3, 135.2, 131.3, 130.4, 129.7, 125.3, 121.4, 121.1, 114.9, 71.1, 22.1 (2C) ppm.

MS   (70 eV): m/z (%) = 214 (16), 213 (3) [M$^+$], 198 (100), 170 (86), 155 (20), 143 (14), 117 (23).

C,H,N-Analyse (C$_{14}$H$_{15}$NO):   berechnet: C = 78.84 %,   H = 7.09 %, N = 6.57 %;
                                           gefunden: C = 78.57 %,   H = 7.39 %, N = 6.34 %.

GC/HRMS EI-TOF (C$_{14}$H$_{15}$NO): berechnet 213.1154; gefunden: 213.1157.

5.5.4   *Darstellung von 2-(2-But-3-en-1-yloxyphenyl)pyridin (3ad)*

Verbindung **3ad** wurde nach der generellen Vorgehensweise dargestellt, wobei 2-Phenylpyridin (155 mg, 1.00 mmol) als Aren und 3-Buten-1-ol als Lösungsmittel verwendet wurden. Nach der Säulenchromatographie (SiO$_2$, Hexan + 0.1 % Triethylamin/Diethylether 8:1) wurde **3ad** als farbloses Öl (129 mg, 57 %) isoliert.

IR   (ATR): $\tilde{v}$ = 3064, 2930, 1585, 1453, 1424, 1239, 1025, 748 cm^{-1}.

¹H-NMR	(400 MHz, CDCl₃): $\delta = 8.70 - 8.71$ (m, 1 H), 7.91 (d, $J = 7.8$ Hz, 1 H), 7.84 - 7.86 (m, 1 H), 7.65 - 7.67 (m, 1 H), 7.33 - 7.37 (m, 1 H), 7.19 - 7.20 (m, 1 H), 7.09 - 7.11 (m, 1 H), 6.99 (d, $J = 8.3$ Hz, 1 H), 5.83 - 5.90 (m, 1 H), 5.08 - 5.16 (m, 2 H), 4.08 (t, $J = 6.5$ Hz, 2 H), 2.52 (q, $J = 6.5$ Hz, 2 H) ppm.
¹³C-NMR	(101 MHz, CDCl₃): $\delta = 156.2$, 155.8, 149.3, 135.2, 134.7, 131.1, 129.8, 129.2, 125.4, 121.6, 121.1, 117.0, 112.4, 67.7, 33.7 ppm.
MS	(70 eV): m/z (%) = 226 (100) [M⁺], 195 (36), 184 (18), 171 (23), 154 (11).

GC/HRMS EI-TOF ($C_{15}H_{15}NO$): berechnet 225.1154; gefunden: 225.1133.

5.5.5   Darstellung von 2-(2-Phenethoxyphenyl)pyridin (3ae)

Verbindung **3ae** wurde nach der generellen Vorgehensweise dargestellt, wobei 2-Phenylpyridin (155 mg, 1.00 mmol) als Aren und 2-Phenylethanol als Lösungsmittel verwendet wurden. Nach der Säulenchromatographie (SiO₂, Hexan + 0.1 % Triethylamin/Ethylacetat 20:1) wurde **3ae** als oranges Öl (162 mg, 59 %) isoliert.

IR	(ATR): $\tilde{v} = 3027$, 2922, 1584, 1453, 1423, 1237, 1024, 745, 698 cm⁻¹.
¹H-NMR	(400 MHz, CDCl₃): $\delta = 8.72 - 8.73$ (m, 1 H), 7.72 - 7.81 (m, 1 H), 7.62 - 7.65 (m, 2 H), 7.30 - 7.32 (m, 3 H), 7.23 - 7.26 (m, 4 H), 7.21 - 7.22 (m, 1 H), 7.00 (d, $J = 8.3$ Hz, 1 H), 4.27 (t, $J = 6.7$ Hz, 2 H), 3.08 (t, $J = 6.7$ Hz, 2 H) ppm.
¹³C-NMR	(101 MHz, CDCl₃): $\delta = 156.0$, 155.8, 149.2, 138.3, 135.3, 131.1, 129.7, 129.2, 129.0 (2C), 128.3 (2C), 126.4, 125.3, 121.5, 121.0, 112.2, 69.1, 35.7 ppm.
MS	(70 eV): m/z (%) = 275 (6) [M⁺], 184 (100), 171 (36), 155 (10), 105 (15), 77 (17).

C,H,N-Analyse ($C_{19}H_{17}NO$): berechnet: C = 82.88 %, H = 6.22 %, N = 5.09 %; gefunden: C = 82.76 %, H = 6.27 %, N = 5.01 %.

GC/HRMS EI-TOF ($C_{19}H_{17}NO$): berechnet 275.1310; gefunden: 275.1312.

5.5.6 Darstellung von 2-(2-(2-Methoxyethoxy)phenyl)pyridin (3af)

Verbindung **3af** wurde nach der generellen Vorgehensweise dargestellt, wobei 2-Phenylpyridin (155 mg, 1.00 mmol) als Aren und 2-Methoxyethanol als Lösungsmittel verwendet wurden. Nach der Säulenchromatographie (SiO$_2$, Hexan + 0.1 % Triethylamin/Ethylacetat 4:1) wurde **3af** als farbloses Öl (149 mg, 65 %) isoliert.

IR (ATR): $\tilde{v}$ = 3053, 2926, 1584, 1493, 1450, 1424, 1260, 1123, 1061, 1025, 749 cm^{-1}.

^{1}H-NMR (400 MHz, CDCl$_3$): δ = 8.69 - 8.70 (m, 1 H), 7.94 - 9.97 (m, 1 H), 7.82 - 7.85 (m, 1 H), 7.69 - 7.82 (m, 1 H), 7.27 - 7.36 (m, 1 H), 7.18 - 7.21 (m, 1 H), 7.10 - 7.12 (m, 1 H), 7.01 (d, J = 7.8 Hz, 1 H), 4.16 - 4.18 (t, J = 5.0 Hz, 2 H), 3.71 - 3.73 (t, J = 5.0 Hz, 2 H), 3.39 (s, 3 H) ppm.

^{13}C-NMR (101 MHz, CDCl$_3$): δ = 156.2, 155.9, 149.3, 135.4, 131.2, 129.8, 129.5, 125.3, 121.6, 121.5, 113.0, 71.0, 68.1, 59.1 ppm.

MS (70 eV): m/z (%) = 230 (74), 292 (11) [M$^+$], 198 (100), 184 (18), 171 (25), 154 (11).

C,H,N-Analyse ($C_{14}H_{15}NO_2$): berechnet: C = 73.34 %, H = 6.59 %, N = 6.11 %; gefunden: C = 73.26 %, H = 6.63 %, N = 6.07 %.

GC/HRMS EI-TOF ($C_{14}H_{15}NO_2$): berechnet 229.1103; gefunden: 229.1107.

*5.5.7   Darstellung von (S)-2-(2-(sec-Butoxy)phenyl)pyridin (**3ag**)*

Verbindung **3ag** wurde nach der generellen Vorgehensweise dargestellt, wobei 2-Phenylpyridin (155 mg, 1.00 mmol) als Aren und (S)-(+)-2-Butanol als Lösungsmittel verwendet wurden. Nach der Säulenchromatographie (SiO$_2$, Hexan + 0.1 % Triethylamin/Diethylether 5:1) wurde **3ag** als leicht gelbes Öl (123 mg, 54 %) isoliert.

$[\alpha]_D^{25}$ (CHCl$_3$) = +40.95°.

IR   (ATR): $\tilde{v}$ = 3060, 2971, 2933, 1584, 1453, 1424, 1229, 1128, 754 cm^{-1}.

^{1}H-NMR   (400 MHz, CDCl$_3$): δ = 8.69 - 8.71 (m, 1 H), 7.90 - 7.92 (m, 1 H), 7.82 - 7.84 (m, 1 H), 7.67 - 7.68 (m, 1 H), 7.32 - 7.34 (m, 1 H), 7.07 - 7.08 (m, 1 H), 7.01 - 7.07 (m, 1 H), 7.00 (d, J = 8.3 Hz, 1 H), 4.31 - 4.38 (m, 1 H), 1.69 - 1.74 (m, 1 H), 1.58 - 1.63 (m, 1 H), 1.25 (d, J = 6.0 Hz, 3 H), 0.92 (t, J = 7.4 Hz, 3 H) ppm.

^{13}C-NMR   (101 MHz, CDCl$_3$): δ = 156.2, 155.5, 149.3, 135.1, 131.3, 130.3, 129.6, 125.4, 121.4, 120.9, 114.5, 75.8, 29.1, 19.0, 9.6 ppm.

MS   (70 eV): m/z (%) = 228 (100), 227 (2) [M$^+$], 198 (91), 170 (57), 155 (11), 143 (11), 117 (20).

GC/HRMS EI-TOF (C$_{15}$H$_{17}$NO$_2$): berechnet 227.1310; gefunden: 227.1305.

*5.5.8   Darstellung von 2-(2-(((1R,2R,5R)-2-Isopropyl-5-methylcyclohexyloxy)- phenyl)pyridin (**3ah**)*

Verbindung **3ah** wurde nach der generellen Vorgehensweise dargestellt, wobei 2-Phenylpyridin (155 mg, 1.00 mmol) als Aren und geschmolzenes (1*R*,2*S*,5*R*)-2-Isopropyl-5-Methylcyclohexanol ((+)-Menthol) als Lösungsmittel verwendet wurden. Nach der Säulenchromatographie (SiO$_2$, Hexan + 0.1 % Triethylamin/Ethylacetat 20:1) und anschließendem Entfernen der Mentholreste durch Destillation wurde **3ah** als leicht gelbes Öl (98 mg, 32 %) isoliert.

$[\alpha]_D^{25}$ (CHCl$_3$) = -95.83°.

IR   (ATR): $\tilde{v}$ = 2953, 2923, 1585, 1453, 1235, 989, 746 cm^{-1}.

^{1}H-NMR   (400 MHz, CDCl$_3$): δ = 8.68 - 8.70 (m, 1 H), 7.88 - 7.90 (m, 1 H), 7.82 - 7.84 (m, 1 H), 7.67 - 7.82 (m, 1 H), 7.31 - 7.34 (m, 1 H), 7.17 - 7.20 (m, 1 H), 7.02 - 7.07 (m, 2 H), 4.09 - 4.16 (m, 1 H), 2.11 - 2.19 (m, 2 H), 1.67 - 1.71 (m, 2 H), 1.43 - 1.46 (m, 2 H), 1.07 - 1.43 (m, 1 H), 0.91 - 0.92 (m, 1 H), 0.85 - 0.91 (m, 7 H), 0.73 (d, *J* = 7.0 Hz, 3 H) ppm.

^{13}C-NMR   (101 MHz, CDCl$_3$): δ = 156.2, 155.5, 149.2, 135.1, 131.3, 130.2, 129.7, 125.4, 121.4, 120.7, 113.8, 77.9, 48.1, 40.1, 34.4, 31.4, 26.1, 23.6, 22.1, 20.8, 16.5 ppm.

MS   (70 eV): *m/z* (%) = 309 (18) [M$^+$], 281 (12), 266 (13), 196 (7), 171 (100), 44 (89).

GC/HRMS EI-TOF (C$_{21}$H$_{27}$NO): berechnet 309.2093; gefunden: 309.2084.

5.5.9   Darstellung von 2-(2-Butoxy-4-methylphenyl)pyridin (3bb)

Verbindung **3bb** wurde nach der generellen Vorgehensweise dargestellt, wobei 2-(*p*-Tolyl)pyridin (169 mg, 1.00 mmol) als Aren und 1-Butanol als Lösungsmittel verwendet wurden. Nach der Säulenchromatographie (SiO$_2$, Hexan + 0.1 % Triethylamin/Ethylacetat 20:1) wurde **3bb** als gelbes Öl (194 mg, 80 %) isoliert.

IR   (ATR): $\tilde{v}$ = 2957, 2871, 1586, 1462, 1270, 1173, 1135, 1025, 783 cm^{-1}.

¹H-NMR   (400 MHz, CDCl₃): δ = 8.68 - 8.70 (m, 1 H), 7.88 - 7.90 (m, 1 H), 7.74 (d, J = 7.8 Hz, 1 H), 7.67 - 7.69 (m, 1 H), 7.17 - 7.18 (m, 1 H), 6.89 - 6.91 (m, 1 H), 6.81 (s, 1 H), 4.01 (t, J = 6.4 Hz, 2 H), 2.40 (s, 3 H), 1.72 - 1.79 (m, 2 H), 1.41 -1.50 (m, 2 H), 0.95 (t, J = 7.4 Hz, 3 H) ppm.

¹³C-NMR   (101 MHz, CDCl₃): δ = 156.4, 156.1, 149.2, 140.0, 135.2, 130.9, 126.3, 125.0, 121.6, 121.2, 113.3, 68.1, 31.3, 21.6, 19.3, 13.8 ppm.

MS   (70 eV): m/z (%) = 241 (21) [M⁺], 212 (37), 198 (100), 184 (27), 169 (22), 165 (19).

C,H,N-Analyse (C₁₆H₁₉NO):   berechnet: C = 79.63 %,   H = 7.94 %, N = 5.80 %; gefunden: C = 79.25 %,   H = 7.83 %, N = 5.74 %.

GC/HRMS EI-TOF (C₁₆H₁₉NO): berechnet 241.1467; gefunden: 241.1472.

5.5.10   Darstellung von 2-(2-Butoxy-4-methoxyphenyl)pyridin (3cb)

Verbindung **3cb** wurde nach der generellen Vorgehensweise dargestellt, wobei 2-(4-Methoxyphenyl)pyridin (185 mg, 1.00 mmol) als Aren und 1-Butanol als Lösungsmittel verwendet wurden. Nach der Säulenchromatographie (SiO₂, Hexan + 0.1 % Triethylamin/Ethylacetat 10:1) wurde **3cb** als leicht gelbes Öl (210 mg, 82 %) isoliert.

IR   (ATR): $\tilde{v}$ = 2956, 2933, 1739, 1577, 1461, 1285, 1199, 1166, 1061, 778 cm⁻¹.

¹H-NMR   (400 MHz, CDCl₃): δ = 8.66 - 8.67 (m, 1 H), 7.87 - 7.89 (m, 1 H), 7.83 (d, J = 8.5 Hz, 1 H), 7.65 - 7.68 (m, 1 H), 7.14 - 7.15 (m, 1 H), 6.61 - 6.63 (m, 1 H), 6.55 (d, J = 2.3 Hz, 1 H), 4.00 (t, J = 6.4 Hz, 2 H), 3.85 (s, 3 H), 1.73 - 1.80 (m, 2 H), 1.41 - 1.50 (m, 2 H), 0.94 (t, J = 7.4 Hz, 3 H) ppm.

^{13}C-NMR	(101 MHz, CDCl$_3$): δ = 161.2, 157.6, 155.8, 149.2, 135.3, 131.9, 124.7, 122.1, 120.9, 105.0, 99.6, 68.1, 55.3, 31.2, 19.3, 13.8 ppm.
MS	(70 eV): m/z (%) = 257 (34) [M$^+$], 228 (47), 214 (100), 200 (16), 185 (34), 170 (17).

C,H,N-Analyse (C$_{16}$H$_{19}$NO$_2$):   berechnet: C = 74.68 %,   H = 7.44 %, N = 5.44 %;

gefunden: C = 74.74 %,   H = 7.36 %, N = 5.54 %.

GC/HRMS EI-TOF (C$_{16}$H$_{19}$NO$_2$): berechnet 257.1416; gefunden: 257.1416.

5.5.11   Darstellung von 2-(2-Butoxy-4-chlorphenyl)pyridin (3db)

Verbindung **3db** wurde nach der generellen Vorgehensweise dargestellt, wobei 2-(4-Chlorphenyl)pyridin (190 mg, 1.00 mmol) als Aren und 1-Butanol als Lösungsmittel verwendet wurden. Nach der Säulenchromatographie (SiO$_2$, Hexan + 0.1 % Triethylamin/Diethylether 20:1) wurde **3db** als farbloses Öl (168 mg, 64 %) isoliert.

IR	(ATR): $\tilde{v}$ = 2954, 2872, 1592, 1460, 1390, 1235, 1009, 841, 778, 740 cm^{-1}.
^{1}H-NMR	(400 MHz, CDCl$_3$): δ = 8.68 - 8.69 (m, 1 H), 7.86 (d, J = 8.0 Hz, 1 H), 7.79 (d, J = 8.3 Hz, 1 H), 7.67 - 7.71 (m, 1 H), 7.20 - 7.22 (m, 1 H), 7.04 - 7.07 (m, 1 H), 6.98 - 7.04 (m, 1 H), 4.01 (t, J = 6.4 Hz, 2 H), 1.73 - 1.80 (m, 2 H), 1.40 - 1.49 (m, 2 H), 0.94 (t, J = 7.4 Hz, 3 H) ppm.
^{13}C-NMR	(101 MHz, CDCl$_3$): δ = 157.0, 155.0, 149.4, 135.5, 135.2, 132.0, 127.6, 125.0, 121.8, 121.0, 112.8, 68.5, 31.1, 19.2, 13.7 ppm.
MS	(70 eV): m/z (%) = 261 (75) [M$^+$], 232 (42), 218 (100), 205 (21), 189 (25), 140 (31).

C,H,N-Analyse ($C_{15}H_{16}ClNO$):   berechnet: C = 68.83 %,   H = 6.16 %,
                                          N = 5.35 %;
                                          gefunden: C = 68.59 %,   H = 6.24 %,
                                          N = 5.21 %.

GC/HRMS EI-TOF ($C_{15}H_{16}ClNO$): berechnet 261.0920; gefunden: 261.0920.

5.5.12   Darstellung von 2-(4-Brom-2-butoxyphenyl)pyridin (3eb)

Verbindung **3eb** wurde nach der generellen Vorgehensweise dargestellt, wobei 2-(4-Bromphenyl)pyridin (234 mg, 1.00 mmol) als Aren und 1-Butanol als Lösungsmittel verwendet wurden. Nach der Säulenchromatographie (SiO₂, Hexan + 0.1 % Triethylamin/Diethylether 10:1) wurde **3eb** als leicht gelbes Öl (176 mg, 58 %) isoliert.

IR   (ATR): $\tilde{v}$ = 3052, 2957, 2871, 1588, 1459, 1387, 1242, 1023, 780, 743 cm^{-1}.

¹H-NMR   (400 MHz, CDCl₃): δ = 8.68 - 8.69 (m, 1 H), 7.86 (d, J = 8.0 Hz, 1 H), 7.69 - 7.73 (m, 2 H), 7.20 - 7.22 (m, 2 H), 7.13 (d, J = 1.8 Hz, 1 H), 4.01 (t, J = 6.5 Hz, 2 H), 1.73 - 1.80 (m, 2 H), 1.42 - 1.47 (m, 2 H), 0.94 (t, J = 7.4 Hz, 3 H) ppm.

¹³C-NMR   (101 MHz, CDCl₃): δ = 157.0, 155.0, 149.4, 135.5, 132.3, 128.0, 125.0, 124.0, 123.3, 121.8, 115.8, 68.6, 31.1, 19.2, 13.7 ppm.

MS   (70 eV): m/z (%) = 306 (39), 305 (23) [M⁺], 278 (42), 264 (100), 250 (30), 233 (29), 168 (18), 141 (29).

GC/HRMS EI-TOF ($C_{15}H_{16}BrNO$): berechnet 305.0415; gefunden: 305.0415.

5.5.13 Darstellung von (3-Butoxy-4-(pyridin-2-yl)phenyl)(phenyl)methadon (3fb)

Verbindung **3fb** wurde nach der generellen Vorgehensweise dargestellt, wobei Phenyl(4-(pyridin-2-yl)phenyl)methadon (259 mg, 1.00 mmol) als Aren und 1-Butanol als Lösungsmittel verwendet wurden. Nach der Säulenchromatographie (SiO$_2$, Hexan + 0.1 % Triethylamin/Ethylacetat 10:1) wurde **3fb** als farbloses Öl (203 mg, 61 %) isoliert.

IR   (ATR): $\tilde{v}$ = 3056, 2957, 2871, 1655, 1571, 1410, 1280, 1232, 1134, 1024, 784, 699 cm^{-1}.

^{1}H-NMR   (400 MHz, CDCl$_3$): δ = 8.73 - 8.74 (m, 1 H), 7.96 (d, J = 8.0 Hz, 1 H), 7.93 (d, J = 7.8 Hz, 1 H), 7.85 (d, J = 7.0 Hz, 2 H), 7.61 - 7.84 (m, 1 H), 7.52 - 7.61 (m, 1 H), 7.50 - 7.52 (m, 3 H), 7.41 - 7.43 (m, 1 H), 7.24 - 7.27 (m, 1 H), 4.10 (t, J = 6.5 Hz, 2 H), 1.75 - 1.82 (m, 2 H), 1.41 - 1.51 (m, 2 H), 0.95 (t, J = 7.4 Hz, 3 H) ppm.

^{13}C-NMR (101 MHz, CDCl$_3$): δ = 196.3, 156.6, 155.0, 149.5, 138.7, 137.7, 135.5, 133.0, 132.4, 130.7, 130.0 (2C), 128.2 (2C), 125.4, 123.3, 122.2, 113.2, 68.5, 31.1, 19.3, 13.8 ppm.

MS   (70 eV): m/z (%) = 220 (20), 205 (100), 177 (22), 145 (5).

C,H,N-Analyse (C$_{22}$H$_{21}$NO$_2$):   berechnet: C = 79.73 %,   H = 6.39 %, N = 4.23 %; gefunden: C = 79.35 %,   H = 6.31 %, N = 4.08 %.

GC/HRMS EI-TOF (C$_{22}$H$_{21}$NO$_2$): berechnet 331.1572; gefunden: 331.1558.

5.5.14 Darstellung von 2-(3-Butoxynaphthalen-2-yl)pyridin (3gb)

Verbindung **3gb** wurde nach der generellen Vorgehensweise dargestellt, wobei
2-(Naphthalen-2-yl))pyridin (205 mg, 1.00 mmol) als Aren und 1-Butanol als
Lösungsmittel verwendet wurden. Nach der Säulenchromatographie (SiO$_2$, Hexan + 0.1 % Triethylamin/Diethylether 10:1) wurde **3gb** als braunes Öl (154 mg,
56 %) isoliert.

IR   (ATR): $\tilde{v}$ = 3053, 2956, 2870, 1738, 1630, 1585, 1450, 1201,
                  1181, 785, 742 cm^{-1}.

^{1}H-NMR   (400 MHz, CDCl$_3$): δ = 8.76 - 8.77 (m, 1 H), 8.28 (s, 1 H), 7.93
                  - 7.95 (m, 1 H), 7.87 (d, J = 8.0 Hz, 1 H), 7.73 - 7.76 (m, 2 H),
                  7.46 - 7.73 (m, 1 H), 7.35 - 7.46 (m, 1 H), 7.25 - 7.26 (m, 2 H),
                  4.15 (t, J = 6.5 Hz, 2 H), 1.79 - 1.86 (m, 2 H), 1.45 - 1.55 (m,
                  2 H), 0.98 (t, J = 7.4 Hz, 3 H) ppm.

^{13}C-NMR   (101 MHz, CDCl$_3$): δ = 155.9, 154.7, 149.4, 135.3, 134.6,
                  131.0, 130.7, 128.7, 128.4, 126.7, 126.2, 125.4, 123.8, 121.8,
                  106.7, 68.0, 31.2, 19.4, 13.8 ppm.

MS   (70 eV): m/z (%) = 277 (28) [M$^+$], 248 (27), 234 (100), 221
                  (17), 205 (43), 193 (12).

GC/HRMS EI-TOF (C$_{19}$H$_{19}$NO): berechnet 277.1467; gefunden: 277.1466.

*5.5.15   Darstellung von 2-(2-Butoxy-5-methylphenyl)pyridin (**3hb**)*

Verbindung **3hb** wurde nach der generellen Vorgehensweise dargestellt, wobei
2-(*m*-Tolyl)pyridin (169 mg, 1.00 mmol) als Aren und 1-Butanol als Lösungsmittel verwendet wurden. Nach der Säulenchromatographie (SiO$_2$, Hexan +
0.1 % Triethylamin/Diethylether 10:1) wurde **3hb** als leicht gelbes Öl (163 mg,
68 %) isoliert.

IR   (ATR): $\tilde{v}$ = 2957, 2931, 1739, 1585, 1601, 1460, 1238, 1148,
                  1060, 792, 744 cm^{-1}.

^{1}H-NMR   (400 MHz, CDCl$_3$): δ = 8.69 - 8.71 (m, 1 H), 7.88 - 7.90 (m,
                  1 H), 7.64 - 7.68 (m, 2 H), 7.19 - 7.20 (m, 1 H), 7.13 - 7.14 (m,

1 H), 6.90 (d, $J = 8.3$ Hz, 1 H), 3.98 (t, $J = 6.5$ Hz, 2 H), 2.36 (s, 3 H), 1.70 - 1.77 (m, 2 H), 1.39 - 1.46 (m, 2 H), 0.93 (t, $J = 7.4$ Hz, 3 H) ppm.

^{13}C-NMR   (101 MHz, CDCl$_3$): $\delta = 156.1$, 154.4, 149.3, 135.3, 131.5, 130.2, 130.1, 128.9, 125.3, 121.4, 112.6, 68.4, 31.3, 20.4, 19.3, 13.8 ppm.

MS   (70 eV): m/z (%) = 241 (15) [M$^+$], 212 (25), 198 (100), 184 (30), 170 (12), 156 (14).

C,H,N-Analyse (C$_{16}$H$_{19}$NO):   berechnet: C = 79.63 %,   H = 7.94 %, N = 5.80 %;

gefunden: C = 79.47 %,   H = 7.91   %, N = 5.74 %.

GC/HRMS EI-TOF (C$_{16}$H$_{19}$NO): berechnet 241.1467; gefunden: 241.1470.

5.5.16   Darstellung von 2-(4-Butoxy-[1,1'-biphenyl]-3-yl)pyridin (3ib)

Verbindung **3ib** wurde nach der generellen Vorgehensweise dargestellt, wobei 2-([1,1'-Biphenyl]-3-yl)pyridin (231 mg, 1.00 mmol) als Aren und 1-Butanol als Lösungsmittel verwendet wurden. Nach der Säulenchromatographie (SiO$_2$, He-xan + 0.1 % Triethylamin/Diethylether 20:1) wurde **3ib** als farbloses Öl (163 mg, 68 %) isoliert.

IR   (ATR): $\tilde{v} = 3031$, 2930, 2870, 1608, 1584, 1488, 1460, 1551, 1143, 1061, 759, 696 cm^{-1}.

^{1}H-NMR   (400 MHz, CDCl$_3$): $\delta = 8.73$ - 8.74 (m, 1 H), 8.08 - 8.09 (m, 1 H) 7.91 - 7.93 (m, 1 H) 7.66 - 7.91 (m, 1 H) 7.64 - 7.66 (m, 2 H) 7.59 - 7.64 (m, 1 H) 7.40 - 7.44 (m, 2 H) 7.29 - 7.33 (m, 1 H) 7.21 - 7.25 (m, 1 H) 7.08 (d, $J = 8.5$ Hz, 1 H) 4.08 (t, $J = 6.4$ Hz, 2 H) 1.75 - 1.82 (m, 2 H) 1.42 - 1.52 (m, 2 H) 0.96 (t, $J = 7.4$ Hz, 3 H) ppm.

¹³C-NMR   (101 MHz, CDCl₃): δ = 156.1, 156.0, 149.4, 140.7, 135.4, 133.9, 129.9, 129.4, 128.6 (2C), 128.3 (2C), 126.8, 126.7, 125.3, 121.7, 112.8, 68.4, 31.3, 19.3, 13.8 ppm.

MS   (70 eV): m/z (%) = 303 (22) [M⁺], 274 (25), 260 (100), 246 (19), 232 (15), 217 (12), 207 (24).

GC/HRMS EI-TOF ($C_{21}H_{21}NO$): berechnet 303.1623; gefunden: 303.1617.

5.5.17   *Darstellung von 2-(2-Butoxy-5-(trifluormethyl)phenyl)pyridin (3jb)*

Verbindung **3jb** wurde nach der generellen Vorgehensweise dargestellt, wobei 2-(3-(Trifluormethyl)phenyl)pyridin (223 mg, 1.00 mmol) als Aren und 1-Butanol als Lösungsmittel verwendet wurden. Nach der Säulenchromatographie (SiO₂, Hexan + 0.1 % Triethylamin/Diethylether 10:1) wurde **3jb** als farbloses Öl (122 mg, 41 %) isoliert.

IR   (ATR): $\tilde{v}$ = 2960, 2938, 1739, 1616, 1586, 1465, 1334, 1262, 1112, 745 cm⁻¹.

¹H-NMR   (400 MHz, CDCl₃): δ = 8.71 - 8.73 (m, 1 H), 8.14 - 8.15 (m, 1 H), 7.88 - 7.90 (m, 1 H), 7.71 - 7.73 (m, 1 H), 7.58 - 7.60 (m, 1 H), 7.23 - 7.25 (m, 1 H), 7.04 (d, J = 8.5 Hz, 1 H), 4.07 (t, J = 6.4 Hz, 2 H), 1.74 - 1.81 (m, 2 H), 1.40 - 1.50 (m, 2 H), 0.94 (t, J = 7.4 Hz, 3 H) ppm.

¹³C-NMR   (101 MHz, CDCl₃): δ = 158.8, 154.5, 149.5, 135.5, 129.3, 128.5 (q, $J_{C,F}$ = 3.6 Hz), 126.9 (q, $J_{C,F}$ = 3.7 Hz), 125.1, 124.5 (q, $J_{C,F}$ = 271.0 Hz), 123.0 (q, $J_{C,F}$ = 32.7 Hz), 122.1, 112.0, 68.5, 31.0, 19.2, 13.7 ppm.

MS   (70 eV): m/z (%) = 295 (100) [M⁺], 266 (20), 252 (85), 238 (5).

C,H,N-Analyse ($C_{16}H_{16}F_3NO$):   berechnet: C = 65.08 %,   H = 5.46 %, N = 4.74 %;
                                              gefunden: C = 65.05 %,   H = 5.58 %, N = 4.66 %.

GC/HRMS EI-TOF ($C_{16}H_{16}F_3NO$): berechnet 295.1184; gefunden: 295.1181.

5.5.18   Darstellung von 2-(2-Butoxy-4,6-difluorphenyl)pyridin (3kb)

Verbindung **3kb** wurde nach der generellen Vorgehensweise dargestellt, wobei 2-(2,4-Difluorphenyl)pyridin (197 mg, 1.00 mmol) als Aren und 1-Butanol als Lösungsmittel verwendet wurden. Nach der Säulenchromatographie (SiO$_2$, Hexan + 0.1 % Triethylamin/Diethylether 5:1) wurde **3kb** als braunes Öl (181 mg, 69 %) isoliert.

IR   (ATR): $\tilde{v}$ = 2959, 2936, 1739, 1600, 1422, 1346, 1192, 1122, 1082, 1005, 824, 746 cm^{-1}.

^{1}H-NMR   (400 MHz, CDCl$_3$): δ = 8.68 - 8.70 (m, 1 H), 7.69 - 7.73 (m, 1 H), 7.35 - 7.37 (m, 1 H), 7.22 - 7.24 (m, 1 H), 6.48 - 6.53 (m, 2 H), 3.89 (t, J = 6.4 Hz, 2 H), 1.56 - 1.63 (m, 2 H), 1.24 - 1.33 (m, 2 H), 0.83 (t, J = 7.4 Hz, 3 H) ppm.

^{13}C-NMR   (101 MHz, CDCl$_3$): δ = 163.4 (d, $J_{C,F}$ = 232.3 Hz), 163.2 (d, $J_{C,F}$ = 232.3 Hz), 159.6 (d, $J_{C,F}$ = 15.2), 158.5 (q, $J_{C,F}$ = 10.1 Hz), 151.2, 149.3, 135.6, 126.1, 122.1, 114.8 (d. $J_{C,F}$ = 17.2 Hz), 96.0 - 96.5 (m), 68.8, 30.6, 18.9, 13.5 ppm.

MS   (70 eV): m/z (%) = 263 (100) [M$^+$], 234 (11), 220 (19), 205 (14), 189 (7).

C,H,N-Analyse ($C_{15}H_{15}F_2NO$):   berechnet: C = 68.43 %,   H = 5.74 %, N = 5.32 %;
                                            gefunden: C = 68.27 %,   H = 6.02 %, N = 5.12 %.

GC/HRMS EI-TOF ($C_{15}H_{15}F_2NO$): berechnet 263.1122; gefunden: 263.1123.

5.5.19   Darstellung von 2-(3-Butoxythiophen-2-yl)pyridin (3lb)

Verbindung **3lb** wurde nach der generellen Vorgehensweise dargestellt, wobei
2-(Thiophen-2-yl)pyridin (161 mg, 1.00 mmol) als Aren und 1-Butanol als Lösungsmittel verwendet wurden. Nach der Säulenchromatographie (SiO$_2$, Hexan +
0.1 % Triethylamin/Diethylether 10:1) wurde **3lb** als braunes Öl (136 mg, 58 %)
isoliert.

IR   (ATR): $\tilde{v}$ = 2954, 2869, 1581, 1545, 1470, 1380, 1232, 1063,
                  182, 711 cm^{-1}.

^{1}H-NMR   (400 MHz, CDCl$_3$): δ = 8.52 - 8.53 (m, 1 H), 8.11 (d,
                  J = 8.0 Hz, 1 H), 7.64 - 7.68 (m, 1 H), 7.27 (d, J = 5.5 Hz, 1 H),
                  7.04 - 7.07 (m, 1 H), 6.91 (d, J = 5.5 Hz, 1 H), 4.15 (t,
                  J = 6.5 Hz, 2 H), 1.81 - 1.88 (m, 2 H), 1.52 - 1.57 (m, 2 H),
                  1.01 (t, J = 7.4 Hz, 3 H) ppm.

^{13}C-NMR (101 MHz, CDCl$_3$): δ = 154.9, 152.5, 149.0, 136.3, 125.7,
                  121.3, 120.5, 120.2, 117.4, 71.2, 31.6, 19.3, 13.8 ppm.

MS   (70 eV): m/z (%) = 233 (30) [M$^+$], 204 (22), 190 (100), 177
                  (28), 162 (12), 148(25).

GC/HRMS EI-TOF (C$_{13}$H$_{15}$NOS): berechnet 233.0874; gefunden: 233.0871.

5.5.20   Darstellung von 2-(2-Butoxyphenyl)-4-methylpyridin (3mb)

Verbindung **3mb** wurde nach der generellen Vorgehensweise dargestellt, wobei
4-Methyl-2-phenylpyridin (161 mg, 1.00 mmol) als Aren und 1-Butanol als
Lösungsmittel verwendet wurden. Nach der Säulenchromatographie (SiO$_2$, Hexan + 0.1 % Triethylamin/Ethylacetat 10:1) wurde **3mb** als leicht gelbes Öl
(183 mg, 76 %) isoliert.

IR	(ATR): $\tilde{v}$ = 2957, 2932, 2871, 1600, 1468, 1447, 1241, 1125, 1025, 832, 750 cm^{-1}.
^{1}H-NMR	(400 MHz, CDCl$_3$): δ = 8.54 - 8.55 (m, 1 H), 7.79 - 7.83 (m, 2 H), 7.49 - 7.51 (m, 1 H), 7.33 - 7.49 (m, 1 H), 7.07 - 7.09 (m, 1 H), 6.98 (d, J = 8.3 Hz, 1 H), 4.01 (t, J = 6.4 Hz, 2 H), 2.36 (s, 3 H), 1.72 - 1.79 (m, 2 H), 1.41 - 1.50 (m, 2 H), 0.95 (t, J = 7.4 Hz, 3 H) ppm.
^{13}C-NMR	(101 MHz, CDCl$_3$): δ = 156.3, 153.2, 149.6, 135.9, 130.9, 130.8, 129.4, 129.1, 124.5, 120.8, 112.3, 68.0, 31.2, 19.2, 18.1, 13.7 ppm.
MS	(70 eV): m/z (%) = 242 (18) [M$^+$], 241 (100), 212 (16), 198 (48), 184 (11), 169 (10).

C,H,N-Analyse (C$_{16}$H$_{19}$NO):   berechnet: C = 79.63 %,   H = 7.94 %, N = 5.80 %;
gefunden: C = 79.58 %,   H = 7.73 %, N = 5.74 %.

GC/HRMS EI-TOF (C$_{16}$H$_{19}$NO): berechnet 241.1467; gefunden: 241.1469.

5.5.21   Darstellung von 10-Ethoxybenzo[h]chinolin (3na)

[CAS: 673476-23-8]

Verbindung **3na** wurde nach der generellen Vorgehensweise dargestellt, wobei 7,8-Benzo[*h*]chinolin (185 mg, 1.00 mmol) als Aren und Ethanol als Lösungsmittel verwendet wurden. Nach der Säulenchromatographie (SiO$_2$, Hexan + 0.1 % Triethylamin/Ethylacetat 10:1) wurde **3na** als braunes Öl (113 mg, 51 %) isoliert.

IR	(ATR): $\tilde{v}$ = 2976, 1738, 1591, 1562, 1441, 1390, 1250, 1072, 1041, 822, 722 cm^{-1}.

^{1}H-NMR	(400 MHz, CDCl$_3$): δ = 8.11 - 8.14 (m, 1 H), 7.75 - 7.77 (m, 1 H), 7.60 (d, J = 7.8 Hz, 1 H), 7.64 (d, J = 8.3 Hz, 1 H), 7.56 - 7.59 (m, 1 H), 7.49 - 7.56 (m, 1 H), 7.29 - 7.30 (m, 1 H), 4.35 (q, J = 7.0 Hz, 2 H), 1.68 (t, J = 7.0 Hz, 3 H) ppm.
^{13}C-NMR	(101 MHz, CDCl$_3$): δ = 158.4, 148.4, 147.3, 136.4, 135.4, 128.2 (2C), 127.0, 126.1, 122.0, 121.6, 120.7, 113.1, 66.1, 15.0 ppm.
MS	(70 eV): m/z (%) = 223 (38) [M$^+$], 208 (100), 179 (39), 166 (17), 139 (14).

GC/HRMS EI-TOF (C$_{15}$H$_{13}$NO): berechnet 223.0997; gefunden: 223.0995.

5.5.22   Darstellung von 2-(2-Butoxyphenyl)pyrimidin (3ob)

Verbindung **3ob** wurde nach der generellen Vorgehensweise dargestellt, wobei 2-Phenylpyrimidin (156 mg, 1.00 mmol) als Aren und 1-Butanol als Lösungs-mittel verwendet wurden. Nach der Säulenchromatographie (SiO$_2$, Hexan + 0.1 % Triethylamin/Ethylacetat 8:1) wurde **3ob** als farbloses Öl (142 mg, 62 %) isoliert.

IR	(ATR): $\tilde{\nu}$ = 2957, 2931, 2871, 1738, 1553, 1454, 1414, 1239, 1038, 816, 750 cm^{-1}.
^{1}H-NMR	(400 MHz, CDCl$_3$): δ = 8.82 (d, J = 4.8 Hz, 2 H), 7.65 - 7.67 (m, 1 H), 7.38 - 7.39 (m, 1 H), 7.19 (t, J = 4.9 Hz, 1 H), 7.00 - 7.06 (m, 2 H), 4.02 (t, J = 6.7 Hz, 2 H), 1.65 - 1.72 (m, 2 H), 1.32 - 1.41 (m, 2 H), 0.87 (t, J = 7.4 Hz, 3 H) ppm.
^{13}C-NMR	(101 MHz, CDCl$_3$): δ = 166.0, 157.1, 156.7 (2C), 131.2, 130.8, 128.8, 120.5, 118.5, 113.3, 68.7, 31.1, 19.0, 13.7 ppm.
MS	(70 eV): m/z (%) = 228 (100) [M$^+$], 199 (31), 185 (63), 172 (25), 156 (22), 144 (26).

GC/HRMS EI-TOF ($C_{14}H_{16}N_2O$): berechnet 228.1263; gefunden: 228.1282.

*5.5.23   Darstellung von 2-(2-Butoxynaphthalen-2-yl)pyrimidin (**3pb**)*

Verbindung **3pb** wurde nach der generellen Vorgehensweise dargestellt, wobei 2-(Naphthalen-2-yl)pyrimidin (206 mg, 1.00 mmol) als Aren und 1-Butanol als Lösungsmittel verwendet wurden. Nach der Säulenchromatographie (SiO₂, Hexan + 0.1 % Triethylamin/Ethylacetat 5:1) wurde **3pb** als braunes Öl (187 mg, 67 %) isoliert.

IR   (ATR): $\tilde{v}$ = 3041, 2962, 2936, 1626, 1555, 1416, 1335, 1209, 1182, 1034, 960, 865, 752 cm⁻¹.

¹H-NMR   (400 MHz, CDCl₃): δ = 8.90 (d, J = 5.0 Hz, 2 H), 8.17 (s, 1 H), 7.85 (d, J = 8.3 Hz, 1 H), 7.78 (d, J = 8.3 Hz, 1 H), 7.48 - 7.49 (m, 1 H), 7.37 - 7.39 (m, 1 H), 7.28 - 7.29 (m, 2 H), 4.16 (t, J = 6.5 Hz, 2 H), 1.75 - 1.82 (m, 2 H), 1.40 - 1.47 (m, 2 H), 0.93 (t, J = 7.4 Hz, 3 H) ppm.

¹³C-NMR (101 MHz, CDCl₃): δ = 166.0, 156.9 (2C), 155.0, 135.1, 131.5, 130.3, 128.3 (2C), 127.1, 126.4, 123.9, 118.8, 107.6, 68.5, 31.1, 19.2, 13.9 ppm.

MS   (70 eV): m/z (%) = 278 (100) [M⁺], 249 (22), 235 (72), 222 (39), 206 (21), 194 (31).

GC/HRMS EI-TOF ($C_{18}H_{18}N_2O$): berechnet 278.1419; gefunden: 278.1418.

*5.5.24   Darstellung von 1-(2-Butoxyphenyl)-1H-pyrazol (**3qb**)*

[CAS: 912338-43-3]

Verbindung **3qb** wurde nach der generellen Vorgehensweise dargestellt, wobei
1-Phenyl-1H-pyrazol (144 mg, 1.00 mmol) als Aren und 1-Butanol als Lösungsmittel verwendet wurden. Nach der Säulenchromatographie (SiO$_2$, He-
xan/Ethylacetat 10:1) wurde **3qb** als leicht gelbes Öl (118 mg, 55 %) isoliert.

IR   (ATR): $\tilde{v}$ = 2958, 2933, 2872, 1738, 1600, 1521, 1395, 1240,
                  1046, 932, 744 cm^{-1}.

^{1}H-NMR   (400 MHz, CDCl$_3$): δ = 8.12 (d, J = 2.5 Hz, 1 H), 7.77 - 7.79
                  (m, 1 H), 7.71 - 7.72 (m, 1 H), 7.25 - 7.29 (m, 1 H), 7.03 - 7.07
                  (m, 2 H), 6.42 - 6.44 (m, 1 H), 4.04 (t, J = 6.5 Hz, 2 H),
                  1.74 - 1.81 (m, 2 H), 1.41 - 1.51 (m, 2 H), 0.96 (t, J = 7.4 Hz,
                  3 H) ppm.

^{13}C-NMR (101 MHz, CDCl$_3$): δ = 150.5, 139.8, 131.5, 129.9, 127.7,
                  124.9, 121.0, 113.2, 106.0, 68.7, 31.2, 19.2, 13.7 ppm.

MS   (70 eV): m/z (%) = 217 (100), 216 (26) [M$^+$], 187 (7), 173 (15),
                  160 (5), 131 (20).

C,H,N-Analyse (C$_{13}$H$_{16}$N$_2$O):   berechnet: C = 72.19 %,   H = 7.46 %,
                                                N = 12.95 %;
                                                gefunden: C = 72.33 %,   H = 7.83 %,
                                                N = 12.72 %.

GC/HRMS EI-TOF (C$_{13}$H$_{16}$N$_2$O): berechnet 216.1263; gefunden: 216.1274.

5.5.25   Darstellung von 2-(Butoxy(phenyl)methyl)pyridin (3rb)

Verbindung **3rb** wurde nach der generellen Vorgehensweise dargestellt, wobei
2-Benzylpyridin (173 mg, 1.00 mmol) als Aren und 1-Butanol als Lösungsmittel
verwendet wurden. Nach der Säulenchromatographie (SiO$_2$, Hexane + 0.1 %
Triethylamin/Diethylether 8:1) wurde **3rb** als braunes Öl (138 mg, 57 %) isoliert.

IR   (ATR): $\tilde{v}$ = 3030, 2957, 2931, 2870, 1589, 1434, 1086, 1086, 743, 697 cm^{-1}.

^{1}H-NMR   (400 MHz, CDCl$_3$): δ = 8.52 - 8.54 (m, 1 H), 7.67 - 7.68 (m, 1 H), 7.55 (d, J = 7.8 Hz, 1 H), 7.44 (d, J = 7.0 Hz, 2 H), 7.31 - 7.34 (m, 2 H), 7.24 - 7.27 (m, 1 H), 7.14 - 7.24 (m, 1 H), 5.48 (s, 1 H), 3.47 - 3.57 (m, 2 H), 1.63 - 1.70 (m, 2 H), 1.41 - 1.48 (m, 2 H), 0.92 (t, J = 7.4 Hz, 3 H) ppm.

^{13}C-NMR   (101 MHz, CDCl$_3$): δ = 162.2, 148.9, 141.5, 136.7, 128.3 (2C), 127.5, 126.8 (2C), 122.2, 120.5, 84.8, 69.1, 31.9, 19.4, 13.9 ppm.

MS   (70 eV): m/z (%) = 241 (77) [M$^+$], 184 (100), 169 (57), 107 (22).

GC/HRMS EI-TOF (C$_{16}$H$_{19}$NO): berechnet 241.1467; gefunden: 241.1470.

5.6 Durchführung der mechanistischen Untersuchungen

5.6.1   GC-MS-Analyse der Reaktionsmischung

Für die GC-MS-Analyse wurden die optimierten Reaktionsbedingungen der
Reihenversuche mit 25 mol% Cu(OAc)$_2$ verwendet. Durch die Messung zeigte
sich neben dem üblichen Lösungsmittel-, Standard-, Startmaterial- und Produkt-
Signal deutlich die Bildung von großen Mengen an Di-n-butylether und von
1,1-Dibutoxybutan in Spuren (Abbildung 7).

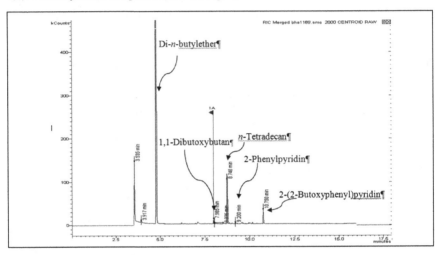

Abbildung 7:   GC-MS-Spektrum der Standardreaktion

5.6.2   Experimente mit TEMPO

Ein 70 mL Reaktionsgefäß wurde mit 2-Phenylpyridin (46.6 mg, 0.3 mmol),
Kupfer(II)acetat (13.9 mg, 0.075 mmol), Silbertriflat (117 mg, 0.45 mmol) und
TEMPO (71.7 mg, 0.45 mmol) beladen. Anschließend wurde die Atmosphäre
durch dreimaliges Evakuieren und Rückbefüllen mit Sauerstoff ausgetauscht.
Daraufhin wurde wasserfreies 1-Butanol (1 mL) dazugegeben und die Reaktionsmischung für 24 Stunden bei 140 °C gerührt. Nach dem Abkühlen wurden
0.1 mL der Mischung mit Ethylacetat (2 mL) verdünnt und mit Wasser (2 mL)
gewaschen. Die organische Phase wurde über MgSO$_4$ gefiltert und die Lösung
mittels GC-MS vermessen. Die Messung zeigt ausschließlich die Bildung von
1,1-Dibutoxybutan (Abbildung 8).

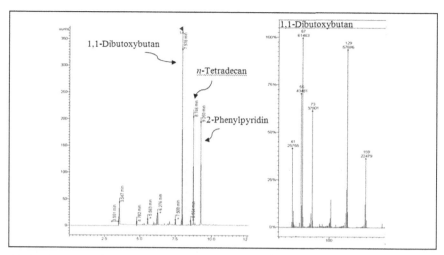

Abbildung 8:   GC-Spektrum (links) der oben beschriebenen Reaktion und MS-Spektrum (rechts) von 1,1-Dibutoxybutan.

5.6.3   Bestimmung des kinetischen Isotopeneffekts

Ein 70 mL Reaktionsgefäß wurde mit 2-Phenylpyridin (38.8 mg, 0.25 mmol), 2-Phenylpyridin-d_5 (40 mg, 0.25 mmol), Kupfer(II)acetat (23.2 mg, 0.125 mmol) und Silbertriflat (195 mg, 0.75 mmol) beladen. Anschließend wurde die Atmosphäre durch dreimaliges Evakuieren und Rückbefüllen mit Sauerstoff ausgetauscht. Daraufhin wurde wasserfreies 1-Butanol (1.5 mL) dazugegeben und die Reaktionsmischung für 7 Stunden bei 140 °C gerührt. Nach dem Abkühlen wurden 0.1 mL der Mischung mit Ethylacetat (2 mL) verdünnt und mit Wasser (2 mL) gewaschen. Die organische Phase wurde über MgSO$_4$ gefiltert und die Lösung mittels GC-MS vermessen.

Nach der GC-MS-Analyse wurde ein Massenspektrum mit den Signalen der Fragmente 2 (2 Methoxyphenyl)pyridin (m/z = 184), 2-(2-Methoxyphenyl)-pyridin-d1 (m/z = 185), 2 (2 Methoxyphenyl)pyridin-d4 (m/z = 188) erhalten (Abbildung 9).

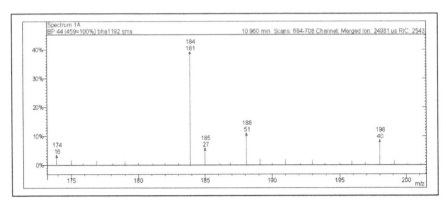

Abbildung 9:   Massenspektrum der Reaktionsmischung zur Bestimmung des kinetischen Isotopeneffekts.

Nachdem die Signale aus der aufgearbeiteten Reaktionsmischung in das Verhältnis zum intensivsten Peak gesetzt wurden, konnte die experimentell bestimmte Verteilung der Isotopomere durch das Angleichen der theoretischen Signale der Fragmente errechnet werden (Abbildung 10).

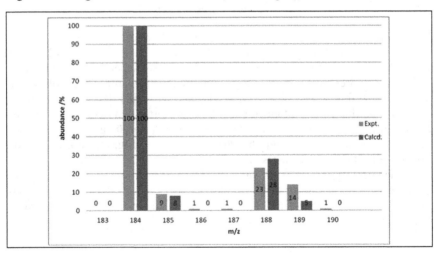

Abbildung 10:   Experimentell bestimmte (hellgrau) und berechnete (dunkelgrau) Isotopenverteilung.

Also ergab sich eine experimentelle Verteilung der Molekülionen aus der Fragmentmischung 2-(2-Methoxyphenyl)pyridin (m/z = 184), 2-(2-Methoxyphenyl)pyridin-d_1 (m/z = 185), 2-(2-Methoxyphenyl)pyridin-d_3 (m/z = 187),

2-(2-Methoxyphenyl)pyridin-d_4 (m/z = 188) und 2-(2-Methoxyphenyl)pyridin-d_5 (m/z = 189) (hellgrau) sowie die berechnete Verteilung von 74.8 % 2-(2-Methoxyphenyl)pyridin (m/z = 184), 1.5 % 2-(2-Methoxyphenyl)pyridin-d_1 (m/z = 185), 1.4 % 2-(2-Methoxyphenyl)pyridin-d_3 (m/z = 187), 20.8 % 2-(2-Methoxyphenyl)pyridin-d_4 (m/z = 188) und 1 % 2-(2-Methoxyphenyl)-pyridin-d_5 (m/z = 189) (dunkelgrau) woraus der kinetische Isotopeneffekt berechnet wurde.

In einem weiteren Experiment zur Überprüfung des kinetischen Isotopeneffekts wurden die Standardreaktionen mit 25 mol% Cu(OAc)$_2$ mit 2-Phenylpyridin und eine weitere mit 2-Phenylpyridin-d_5 in getrennten Reaktionsgefäßen durchgeführt. Laut GC-MS-Analyse wurde das Produkt in der ersten Reaktion in 76 % Ausbeute und in der zweiten Reaktion in 23 % Ausbeute gebildet. Damit lässt sich der gleiche kinetische Isotopeneffekt wie bei dem Experiment in einem Reaktionsgefäß berechnen.

5.6.4   Experiment mit Ethanol-d_1

Für die GC-MS-Analyse wurden die optimierten Reaktionsbedingungen der Reihenversuche mit 25 mol% Cu(OAc)$_2$ und Ethanol-d_1 als Lösungsmittel verwendet. Die Messung zeigte lediglich die Signale der üblichen Reaktionsmischung des ethoxylierten Produkts und 2-Phenylpyridin als Startmaterial. Daraus lässt sich schließen, dass die C–H-Aktivierung irreversibel ist, da sonst einfach deuteriertes Produkt sowie einfach und zweifach deuteriertes Startmaterial in der Reaktionsmischung gefunden werden sollte.

5.6.5   Experimente zum Ausschluss einer intermediären Hydroxy- oder Acetoxyarenspezies

Für die GC-MS-Analyse wurden die optimierten Reaktionsbedingungen der Reihenversuche mit 25 mol% Cu(OAc)$_2$ und 2-(2-Hydroxyphenyl)pyridin (**7a**) beziehungsweise 2-(2-Acetoxyphenyl)pyridin (**7b**) als Startmaterial verwendet. Die Messung zeigt bei beiden Versuchen keine Bildung des Produktes **3ab**, wodurch eine intermediären Hydroxy- oder Acetoxyarenspezies ausgeschlossen werden kann.

6 Veröffentlichung

Die vorliegenden Arbeiten wurden teilweise bereits veröffentlicht:

S. Bhadra, C. Matheis, D. Katayev, L. J. Gooßen, *Angew. Chem.* **2013**, *125*, 9449–9453; Angew. Chem. Int. Ed. **2013**, *52*, 9279–9283: *Copper-Catalyzed Dehydrogenative Coupling of Arenes with Alcohols.*

Printed in the United States
By Bookmasters